LE REVE DE SABRINA

法國麵包基礎篇

法國藍帶 東京校編

SOMMAIRE

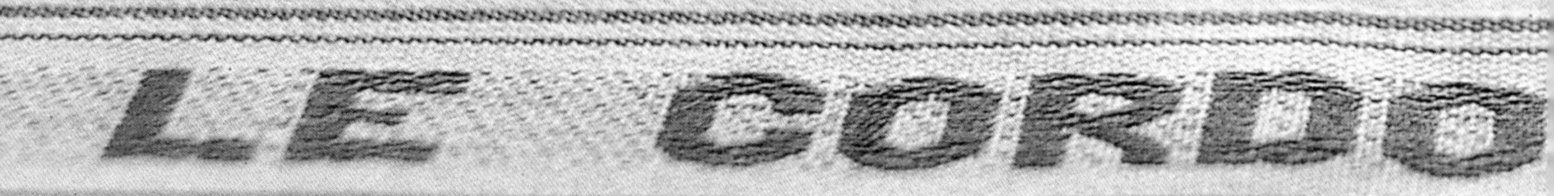

奧黛莉赫本所主演的「龍鳳配Sabrina」中曾介紹過法國藍帶廚藝學院Le Cordon Bleu。法國藍帶廚藝學院Le Cordon Bleu於西元1895年設立於巴黎，當時一位記者Marthe Distel發行了一本名叫「藍帶烹調藝術」(La Cuisinière Le Cordon Bleu)的料理雜誌而大受好評，為了回饋讀者，便邀請當時有名的廚師，在隔年元月14日於Palais Royal將雜誌中所介紹的菜餚作第一次公開示範，至今法國藍帶廚藝學院Le Cordon Bleu已成為世界聞名的法國料理學校，從專業廚師、未婚的年輕女性、乃至於電影明星及各界著名人士都會參加法國藍帶的餐飲課程，這所在各方面都有傑出表現的餐飲學校早在業界得到非常高的評價。

「藍帶」名稱的由來要遠溯至十六世紀，西元1578年亨利三世組織了聖靈騎士團並賜給每位騎士「聖靈勳章」，我們所看到的藍帶標誌就是這個勳章；而這些騎士以美食家聞名，所以往往在授勳典禮後的餐會會顯得更加隆重，而至今這個傳說仍在民間傳為美談。因為聖靈勳章附有藍色絲帶，於是這些騎士就被稱為「藍帶」，而替這些騎

士料理的廚師們也被稱為「藍帶」。

20世紀初期，著名的廚師Henri-Paul Pellaprat在「現代調理技法」的著作當中記錄了他在擔任藍帶教授主廚時所教授的料理，紮實地賣了350萬本，而這本料理古書至今仍有廣大的讀者；Henri-Paul除了著作「現代調理技法」之外，還寫了許多的食譜，而且都擁有廣大且固定的讀者群，在巴黎總校設立約半世紀後，也就是西元1933年，藍帶在倫敦設立分校，創校的人是當時在巴黎藍帶向Henri-Paul拜師學藝的Rose Mary，而她所寫的食譜至今也以古書被收藏於英國的叢書當中，而許多學生也在研讀Rose Mary著作的叢書過程中學習、成長。

倫敦創校後半世紀----西元1991年，藍帶在東京創立分校，緊接著也在加拿大渥大華建校，澳洲雪梨、阿德雷德也陸續建立分校，至今法國藍帶在全球5個國家、6所分校招收超過50個國家的學生，傳授著兼顧傳與藝術的法國料理、點心及麵包。

“LE REVE DE SABRINA”系列的第三册即是在介紹麵包的製作，

法國藍帶的精神就是要你用紮實的學習態度體驗麵包的製作，無論是點心或麵包，都是運用基礎及應用課程按部就班製作，書中每一種麵包都有詳細的步驟文字及圖片（圖文對照），無論是專家或一般民眾都能一目了然。這本書除了教您一步一步地完成麵包的製作過程，也告訴你時間的掌控為製作麵包的成敗關鍵。

就讓我們來介紹一些關於麵包的歷史吧。大家所熟悉的「白麵包」在西元1939~1945年第二次世界大戰期間突然消失，此時製作麵包並不是使用小麥麵粉，而是用一種由蕎麥及黑麥混合所製作出來的。此時，法國麵包也經歷了重大的變革，在這之前的法國麵包體積較大、也較有沉甸感，例如典型的鄉村麵包，而在一次德國人（普魯士人）登門造訪的機會之下，這些為國家製作麵包的師傅們便藉此研發出更小、更輕巧的法國麵包。

麵包是有生命的，因為製作麵包的是有生命的人，與其說製作的重要性，不如說在製作過程中所花費的心血才是最重要的，心情會隨著天氣及種種因素而改變，烤出來的麵包因此也會有不同的樣子，這便是

製作麵包的樂趣所在。本書中除了介紹傳統麵包、特殊風味麵包、維也納式麵包、吐司、料理麵包及折疊麵糰麵包，還有材料的介紹等等...。這本書受歡迎的原因，除了製作麵包的基本方法和簡單易懂的解說讓初學者一學就會之外，想增進專業技術的人也可以藉此提昇廚藝。

本書中所出現的餐具、盤子、桌墊等都是由法國田園風格著名的"PIERRE DEUX"所提供。"PIERRE DEUX"在紐約的麥迪遜大道設立第一家店，接著在芝加哥、達拉斯、亞特蘭大、洛杉磯的高級精品街和全美主要城市皆設有店鋪，即使在東京也有此品牌的店面。"PIERRE DEUX"這個品牌是由一名法國室內設計古董商PIERRE和一位熱愛法國的法籍美國人PIERRE共同創造出來的，這個品牌的由來是因為兩人的名字都有"PIERRE"，之後就以法國田園風格設計出各式桌子、餐具、家俱、裝飾品等，這些工藝品經過了法國文化的接觸洗鍊，更廣泛地滲入了一般的家庭當中，最後藉由製作手工麵包和PIERRE DEUX這個以法國田園風為佈景的環境下愉悅地享受法國的藝術生活。

本書將麵包分成傳統麵包、特殊風味麵包、維也納式麵包及吐司，這之中麵包店通常會選擇口味比較大眾化的種類，鄉村麵包、牛奶麵包及夸頌麵包為各式麵包的基本做法，配方在本書中都有詳盡的介紹。本書也告訴您如何做出完美好吃的麵包，首先，精準的器具設備是必不可缺的，各類型的麵包模型也要保持乾淨，盡量和書中所介紹的模型一致，若準備的模型大小能配合書中麵糰的份量也可以，而烘烤時間的調整也很重要，再加上選擇品質好的材料、正確的計量，以及速度快才能製作出好吃美味的麵包。

基本做法

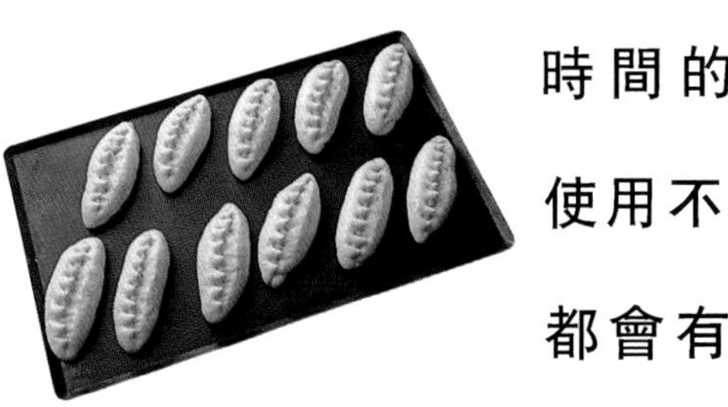

麵包是不等人的，所以製作時間的掌控很重要。發酵的時間、四周環境以及使用不同的烤箱，都會讓烘烤的時間有所出入；每頁都會有*les ingrédients pours 2 pains de 400g*，表示可做出2個400g的麵包，**matériel**是模型的直徑（φ為直徑），**préparation**為製作麵包的準備工作，**commentaires**為製作麵包的技巧及注意事項或如何食用這種麵包，*→p.80*為參考80頁的做法，在工作台上所撒的粉或表面裝飾所使用的粉、模型及烤盤所抹的奶油全在配方計量之外，若沒特別註明，所撒的粉可使用高筋麵粉或是法國麵粉**Type**55，低筋麵粉容易結塊，所以不適合用於撒粉；材料中所使用的砂糖為**sucre semoule**，也可使用上白糖替代，奶油要使用無鹽奶油，本書所使用的是鮮酵母，若沒有鮮酵母也可用乾酵母替代，但使用量為鮮酵母的一半，工作台為木製品，所以麵糰若黏住工作台要馬上去除。

MÉTHODE DE PANIFICATION
麵包的製作方法

製作麵包需要花較長的時間，最主要是因為發酵麵糰所需的時間比製作的時間還長，所以必須用耐心、愛心來製作麵包，若是發酵的時間不夠充裕就進行下個步驟，或是麵糰的溫度太高，都會導致發酵失敗。在家中無法像在烘焙教室一樣有專業的器材來控制準確的溫度、溼度及麵糰發酵的狀態，所以製作過程當中，必須隨時用手觸摸麵糰、用眼睛觀察它的狀態；初學製作麵包不用刻意尋找它的樂趣，因為在學習的過程中你就能發現其樂趣所在了。

基本做法

LE PÉTRISSAGE（MÉLANGER） 揉麵

混合麵粉、鹽、酵母、水及其它材料並攪拌搓揉至光滑有彈性，即為製作麵包的麵糰；揉麵是製作麵包最重要的工程，外觀和味道會影響製作麵包的品質；麵糰的硬度、攪拌的方法、攪拌後的狀態都要反覆練習及留意，熟練之後就能輕鬆分辨出柔軟麵包和脆感麵包的麵糰有何不同。若製作麵糰的油脂成分較少，可以在剛開始攪拌的時候加入油脂，如果是油脂含量較高的麵糰則在麵糰成形後加入；核桃及葡萄乾等添加物要在麵糰成形之後加入，而麵糰成形之後的溫度要維持在23~26℃之間，為了維持在這個溫度之間，水等液體的溫度就要留意並且作調整，而我們在家中用手揉出的麵糰通常都在28~30℃之間；因麵包的種類不同也要調整其麵糰溫度。

LE POINTAGE（LEVER）
第一次發酵

麵糰製作完成後就將它放入盆中發酵，若溫度在24℃以上時可置於室溫，以下則置於發酵箱或密閉的保麗龍箱子裡，只要旁邊放杯熱水（不要讓麵糰碰到水），溫度在24~28℃之間，發酵的時間必須視攪拌之後的溫度，因為發酵中的溫度是不一定的，所以我們提供的時間只能做約略的參考值，只要麵糰發酵至原來的2倍大就表示發酵完成，為了避免麵糰的表面乾燥，放在室溫中發酵必須蓋上保鮮膜。而麵糰中酵母的味道、保存性、碳酸氣體、酒精及有機酸都會在這個時候產生。

LE DÉTAILLAGE, LE BOULAGE
分割、滾圓

用刮板將發酵好的麵糰取出放置在工作台上，輕輕用刀子均勻地分割麵糰，待麵糰的表面緊繃且呈光滑狀時就可以進行滾圓。

LE REPOS 靜置

為了因分割而受損的麵糰所進行的修復工作；麵糰滾圓後會變得比較有彈性，這時就要讓麵糰靜置一陣子，整形的時候會比較容易；為了避免麵糰的表面乾燥可蓋上布巾或塑膠袋靜置約15分鐘。

LE FAÇONNAGE（MIS EN FORME）
塑形

就是將靜置過後的麵糰整型成各式各樣造型的步驟；避免讓麵糰表面受到傷害，麵糰彈性較好時就輕輕滾動、彈性較差時就緊密地滾動，若此時塑型的不好，麵包便會失去它應有的體積。

L'APPRÊT（FERMENTATION）
最終發酵

在室溫20~27℃中發酵，或放入發酵箱中發酵，最重要的是避免讓麵糰表面乾燥，沒有發酵箱就要記得先蓋上布（慎選不會沾麵糰的布巾）再蓋上塑膠袋，如果空氣太乾燥了話可在布與塑膠袋之間蓋上擰乾的濕毛巾，若麵糰表面塗上蛋汁放入大塑膠袋中，為了避免塑膠袋碰到麵糰，可在袋內充氣。放入箱子內記得在旁邊放一碗熱水保持溫度，麵糰大約發酵至原來的2倍大、用指尖輕按表面出現微凹時即可。

LA CUISSON 烘焙

在烘焙前要先預熱所需溫度才能放入麵糰烘焙，但家庭用烤箱會因烤箱種類及性能的不同，烘焙的時間及溫度也會有所差異，在烘焙過程中也要留意麵包表面的色澤及敲打麵包的聲音來作調整，有的在烘焙的時候加入水蒸氣，或用容器裝水放入烤箱，或是在烤箱內均勻撒上水後再放入麵糰也可以；另一種方式就是在烤箱下層放入石頭，250~300℃烘焙約15分鐘後再放入麵糰，此時將一杯水均勻撒在小石頭上，這樣可以均勻散熱，但這種方式容易使烤箱故障、而且容易燙傷；烤好的麵包要馬上從烤箱中取出放置在網架上冷卻，如果留在烤箱中冷卻，會使得麵包因水氣而受潮。

LEVAIN LEVURE
發酵麵糰（加入酵母）

les ingrédients
pour
levain levure de
830 g
每份麵糰830 g

法國麵粉 Type 55　500 g
水　320 cc
鮮酵母　5 g
鹽　9 g

commentaires：

■在製作麵糰的時候加入發酵麵糰（發酵種），或是在前一天就先將發酵麵糰做好，也可使用之前製作剩餘的法國麵包麵糰代替；加入發酵種會使麵筋的彈性更強、並且會保留淡淡的香味、也可以延長保存期限，酵母的量可以減少，但若加太多，麵包不但不會變大，還會過酸。

1 麵粉過篩後放在工作台上並從中央畫個凹洞，避免水從旁邊溢出。

2 酵母和鹽分開兩邊放入，水慢慢加入並留一些，以便調整麵糰軟硬度。

3 先用手指把酵母均勻拌溶。

4 再混合鹽拌勻。

5 用手把麵粉和水拌勻。

6 一手攪拌、一手用刮板將麵粉向內攪拌。

7 搓揉麵糰時用捏拿的方式混合水與麵粉。

8 將麵粉拌成糰，再用刮板將麵糰一邊刮一邊拌，水分若不夠可將**2**剩餘的水加入。

9 麵粉拌成麵糰後用手搓揉。

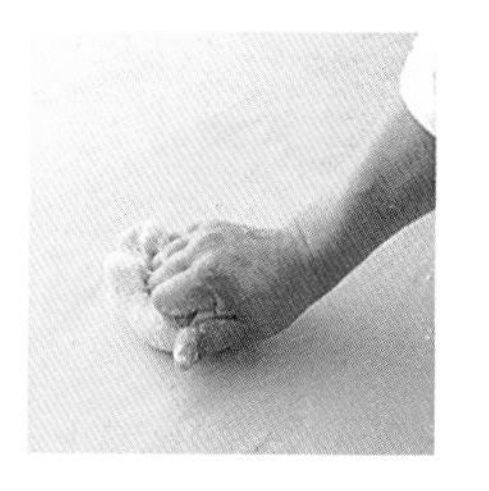

10 將麵糰甩打至工作台上。

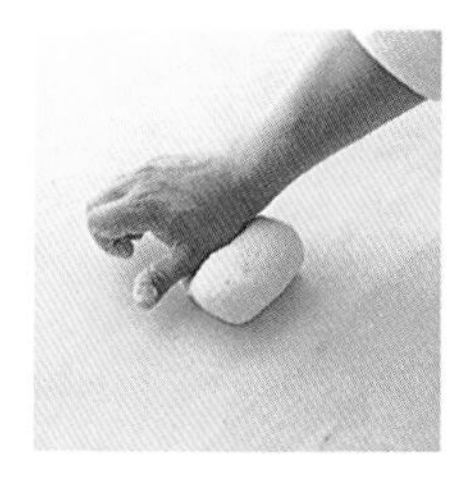

11 甩打時順手將麵糰對折把空氣包入麵糰中。

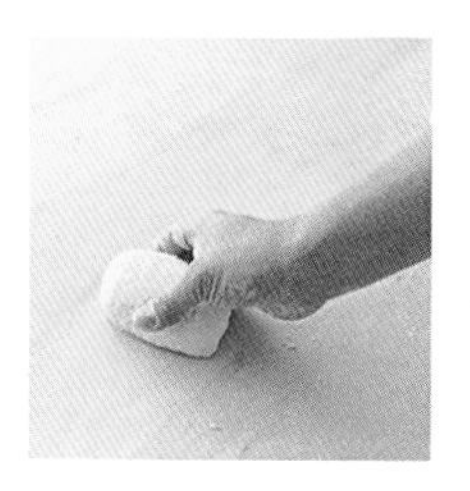

12 將麵糰90度換邊後重複**10**、**11**的步驟。

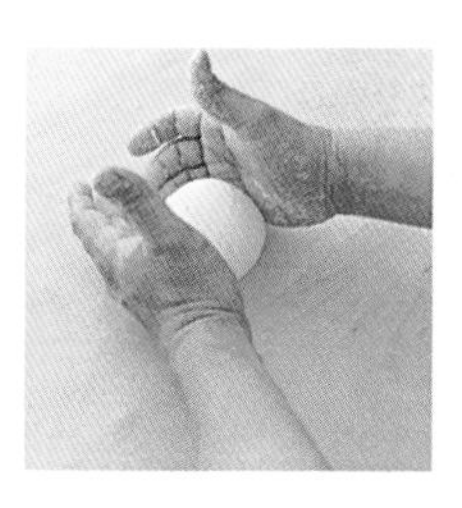

13 麵糰有光澤後用手將麵糰從側面由上往下滾成球狀（可使麵糰表面更加光滑）。

14 放入盆中蓋上保鮮膜進行發酵，若沒蓋保鮮膜，麵糰表面會乾掉。發酵至少4小時以上。

若要發酵15~18小時，在發酵1~2小時後便要將麵糰放入冰箱冷藏。

PAIN DE CAMPAGNE
鄉村麵包

PAIN DE CAMPAGNE
鄉村麵包

「鄉村麵包」是法國麵包中最傳統的麵包之一，完全純手工時代法國鄉村人家所做的麵包。

Les ingrédients pour 2 pains de 470 g
2個470g的鄉村麵包

法國麵粉 Type 55　400g
黑麥粉　100g
鮮酵母　20g
鹽　10g
水　320cc
發酵麵糰→見 *p11*　100g

裝飾：
黑麥粉　適量

commentaires :
■這種麵包的做法很簡單，是其他麵包的基本做法，所以想學做麵包的人可以鄉村麵包作為入門。

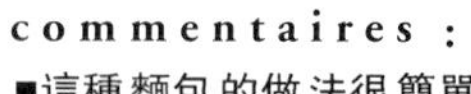

1 將法國麵粉和黑麥粉混合過篩後，放在工作台上並從中間做一個凹洞。

2 從中央畫一凹洞使液體不易流出。

3 依序加入酵母和鹽並分開左右兩邊放，若混合加入，鹽會分離酵母的細胞而破壞作用。

4 加入水並留一些，以便調整麵糰的軟硬度。

5 先用手將酵母拌溶，再混合鹽拌一拌，用手指慢慢將麵粉往中心拌。

6 一手攪拌、一手用刮板將麵粉向內攪拌。

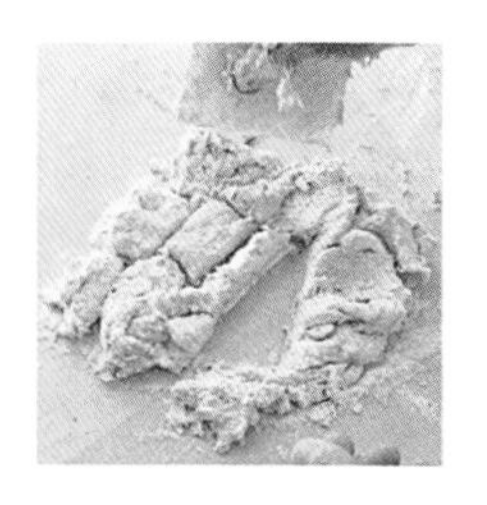

7 刮板將麵粉拌成糰後，再用刮板將麵糰一邊切一邊拌，水分若不夠可將**4**剩餘的水加入。

8 麵粉拌成麵糰後在工作台上甩打麵糰。

9 甩打時順手將麵糰對折把空氣包入麵糰中，再90度換邊後重複**8**、**9**的步驟幾次。

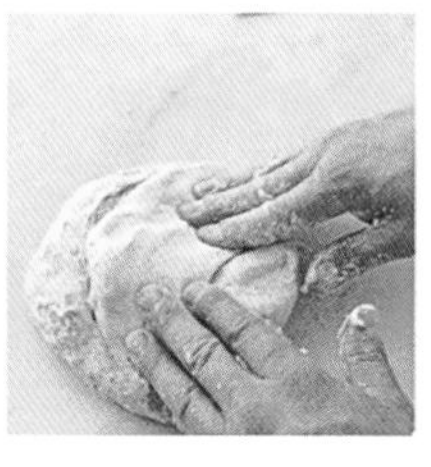

10 成糰後將麵糰壓平並加入發酵麵糰，放入發酵麵糰可加快發酵的速度，且味道較好、保存期限也較長。

11 將發酵麵糰包起來並揉成圓柱狀。

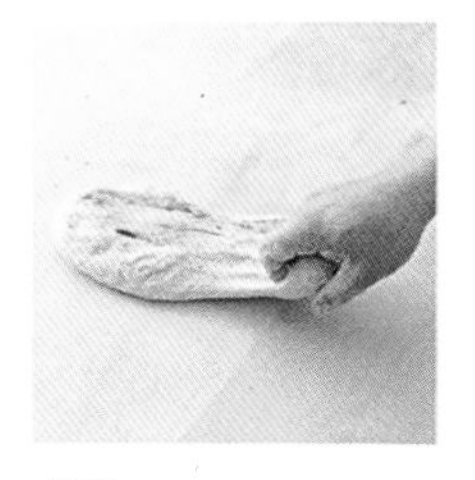

12 重複**8**、**9**的動作數次，持續約10分鐘。

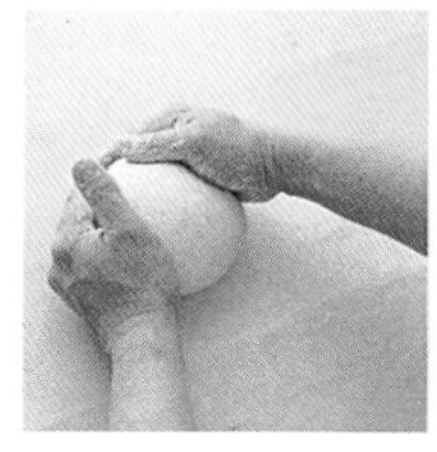

13 表面呈現光滑狀後再將麵糰揉成球狀。

14 放入盆中並蓋上保鮮膜，避免表面乾掉，再發酵約45分鐘。

15 第一次發酵要比原先麵糰大2~3倍。

16工作台上撒些麵粉，用刮板將麵糰取出，避免麵糰變形。

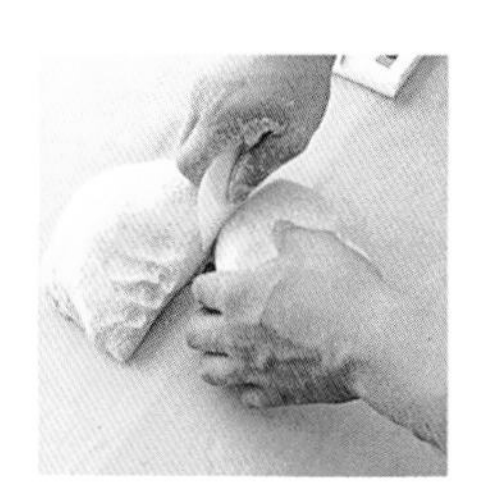

17 將麵糰切成2塊，每塊約470g重，記得用秤測量較精準。

18 麵糰分成2塊後，再重複**8**、**9**的做法，將麵糰揉至表面呈光滑狀。

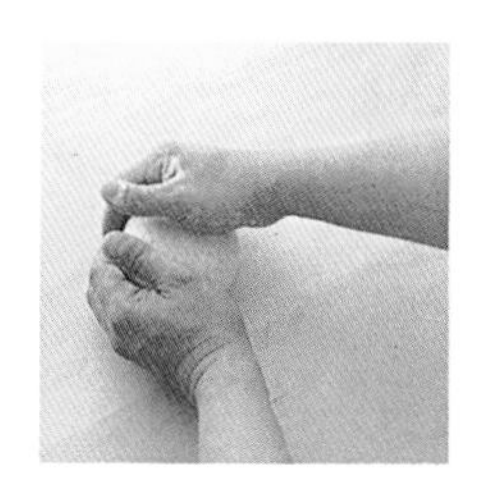

19同**13**將麵糰揉成球狀。
＊這個動作是為了平均麵糰的發酵與彈性。

20麵糰蓋上布巾鬆弛15分鐘。
＊這是為了讓麵糰比較容易成形。

21收口朝上並用手掌壓平麵糰擠出空氣，並使麵糰呈橢圓形。

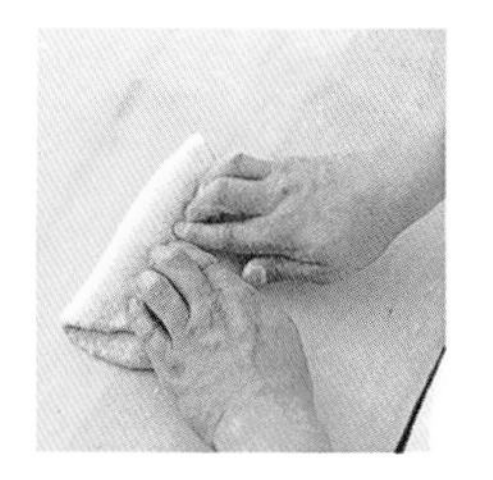

22將麵糰上方的1/3往下對折後用手指壓緊。

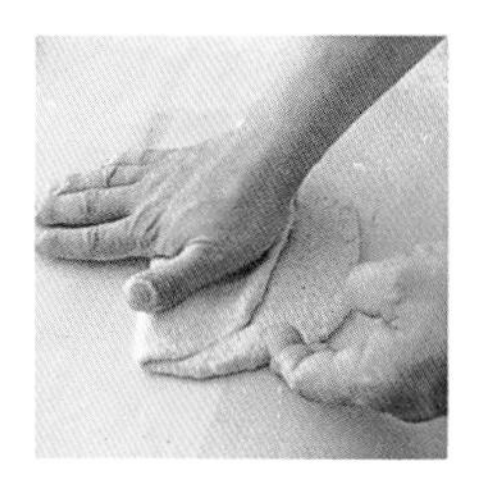

23對折的地方用手掌擠出空氣。

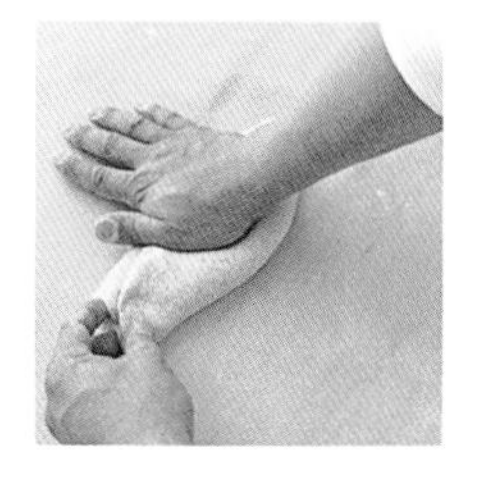

24再將下面的1/3往上對折並用手指壓緊、用手掌將空氣壓出呈扁平狀。

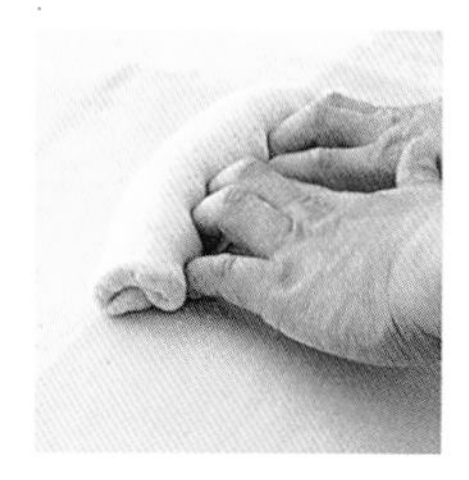

25對折並用力將收口封緊。

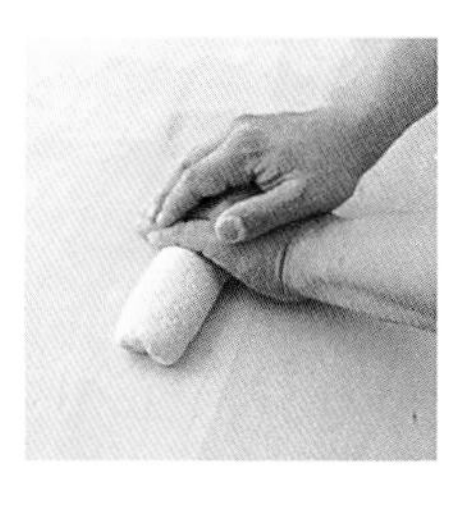

26收口朝下並將雙手放在麵糰中央輕輕搓揉。

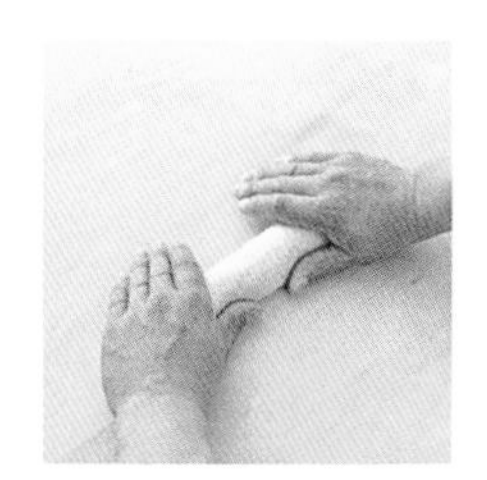

27收口密合後，再輕輕搓揉呈長條狀。

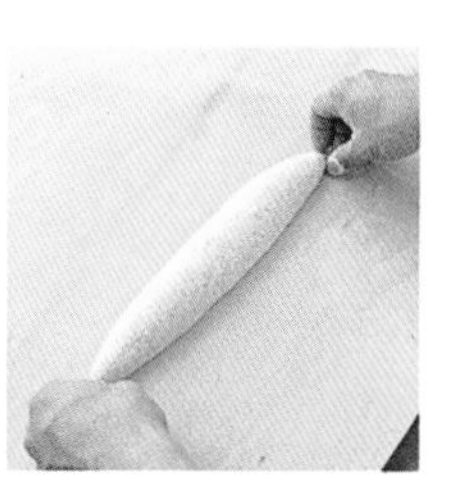

28 搓成長約25cm兩端呈尖形狀的麵糰。

29烤盤上的烘焙布拉起來隔開兩麵糰、不要將麵糰放得太近、要留點空間，麵糰收口朝下。

30蓋上布巾並發酵1小時30分鐘（最後發酵）防止表面乾燥，避免放在陽光直射或風口的地方，溫度約26-30℃。

31麵糰為原來的2倍大後即完成發酵的工作，此時再將黑麥粉撒在麵糰上。

32用刀片在麵糰表面劃痕（有劃3痕、及波勒卡的格子痕），麵糰表面塗上奶油→見p18做法**11**。

33預熱烤箱溫度230℃，烤箱中放入已裝水的容器，在烤的時候會冒出水蒸氣，將麵包放入烤箱烤約40分鐘。

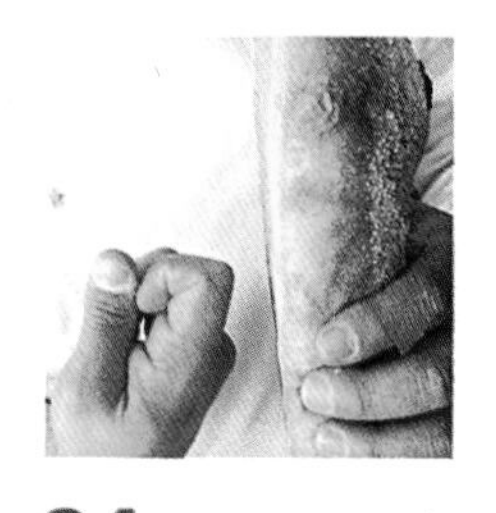

34烤好的麵包表面呈金黃色，麵包出爐後敲打麵包底部是否有清脆聲。

35 將出爐的麵包放置在網架上待涼，否則蒸氣會積在麵包底部，會使麵包變得沒口感。

PAIN COMPLET
全麥麵包

BAGUETTE FRANÇAISE
法國麵包

PAIN COMPLET
全麥麵包

全麥麵包內含小麥全部的營養成分，對於體質不好的人來說，全麥麵包是最好的選擇，現在一般都做成長形與圓形的造型。

Les ingrédients pour
2 pains de 470*g*
可做2個470*g* 的全麥麵包

法國麵粉 Type 55　150 g
全麥粉　350 g
鮮酵母　8 g
鹽　10g
水　350 cc
發酵麵糰→見 *p11*　80g

préparation :

■準備工作：
發酵之前，麵糰的製作過程與鄉村麵包一樣；發酵1小時後，將麵糰分成2等份搓圓，放入盆中靜置鬆弛。→見*p14*、*15*做法**1~20**。

commentaires :

■用顆粒最小的全麥粉。
■將麵包切成薄片夾火腿、或燻肉類一起食用。

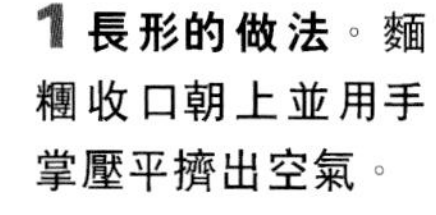

1 **長形的做法**。麵糰收口朝上並用手掌壓平擠出空氣。

2 將1/3的麵糰往下折疊後再用手壓緊。

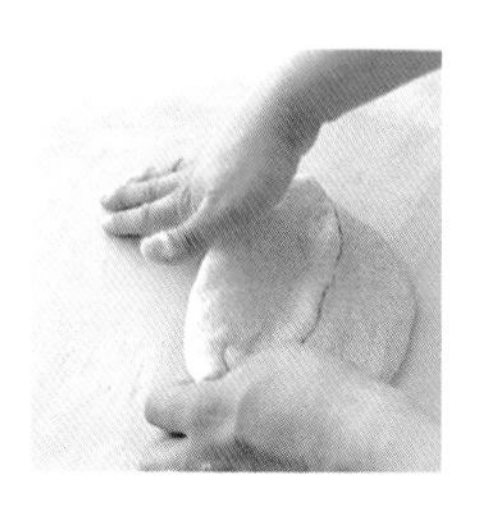

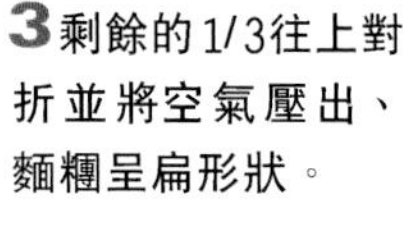

3 剩餘的1/3往上對折並將空氣壓出、麵糰呈扁形狀。

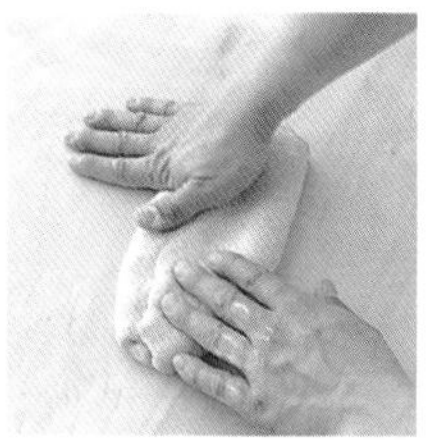

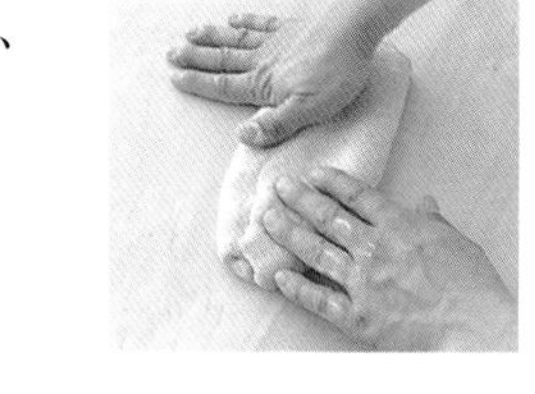

4 再對折用力把口封緊。

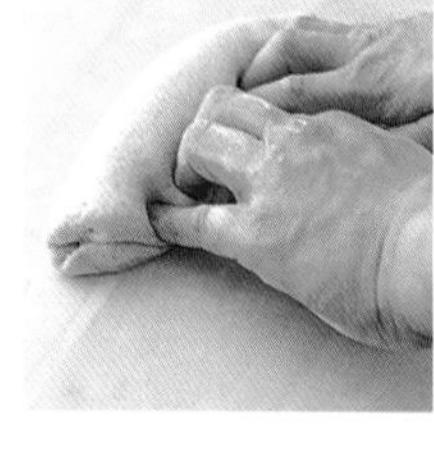

5 收口朝下並將雙手放在麵糰中央輕輕搓揉。

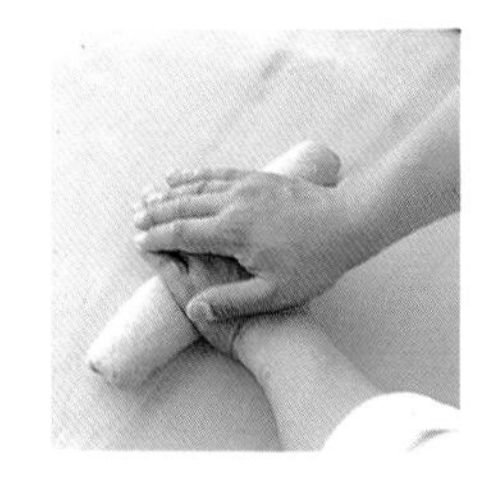

6 麵糰收口後搓成28cm、兩端較尖的長條狀。

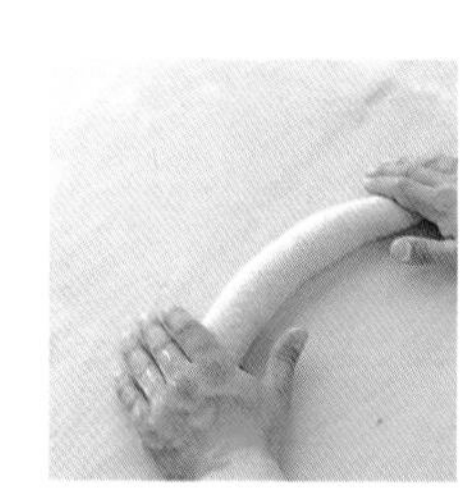

7 **圓形的做法**。做法跟**1**相同但是圓的。

8 手握住麵糰往下滾圓，表面需呈光滑狀，收口要封緊。

9 將烤盤上的烘焙布中央輕輕拉起隔開待烤的麵糰，麵糰間的距離不要太近、收口朝下蓋上布巾再發酵1小時45分。

10 發酵至原來麵糰的2倍大就算發酵完成了。

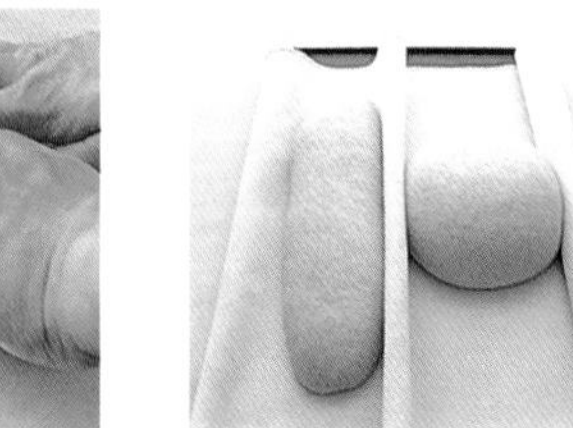

11 烤盤塗上奶油後用木板將**10**的麵糰移到烤盤上，收口朝下。

12 用刀片在長形麵糰表面切斜痕、圓形麵糰切直痕，烤箱放一碗水以220℃預熱烤箱→見*p15*做法**33**，烤約40分左右。

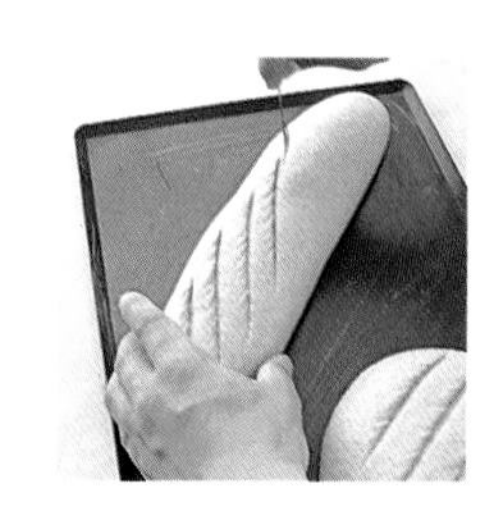

BAGUETTE FRANÇAISE
法國麵包

早在60年前，法國人食用法國麵包的量就逐漸減少中，而且也由大變小，今日成為較普遍使用的法式三明治麵包。

Les ingrédients pour
4 *pains de* 230 *g*
可做4個230g 的法國麵包

法國麵粉 Type 55　500 g
鮮酵母　5 g
鹽　9 g
水　320 cc
發酵麵糰→見 *p11*　100 g

préparation :
■準備工作：
做法跟鄉村麵包一樣，發酵45分~1小時→見 *p14* 做法**1~15**。

commentaires :
■ 麵糰的量和長度要視烤箱的大小做調整，一樣大的麵糰可做成麥穗狀或蘑菇狀，可依個人喜好做出不同造型。

1 工作台上輕輕撒點麵粉，並用刮板將麵糰取出。

2 將**1** 的麵糰分成230g麵糰4個並搓成鴨蛋的形狀。

3 蓋上布，在室溫下鬆弛20分鐘後用手掌將麵糰內的空氣擠出。

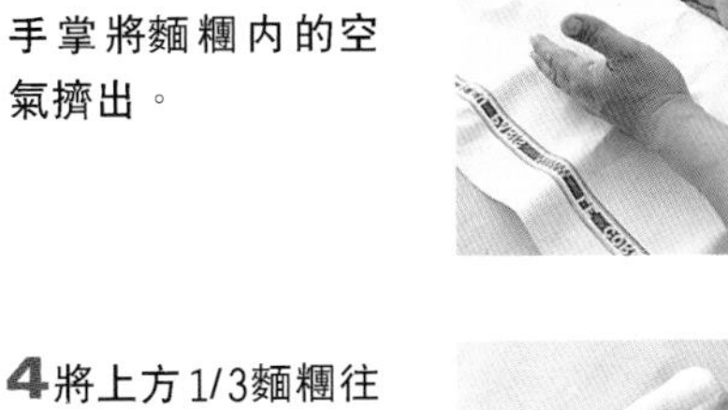

4 將上方1/3麵糰往下對折用手壓緊並壓出空氣，再將剩餘1/3麵糰向上對折用手指壓緊並擠出空氣，將口收緊。

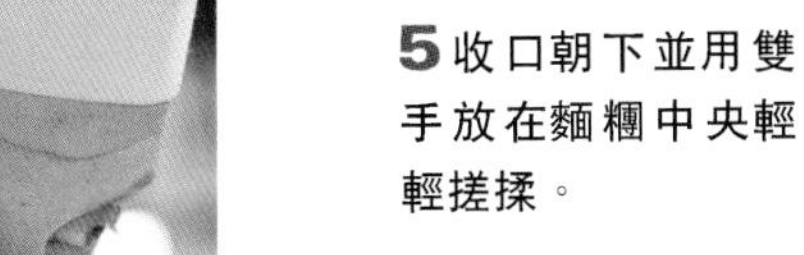

5 收口朝下並用雙手放在麵糰中央輕輕搓揉。

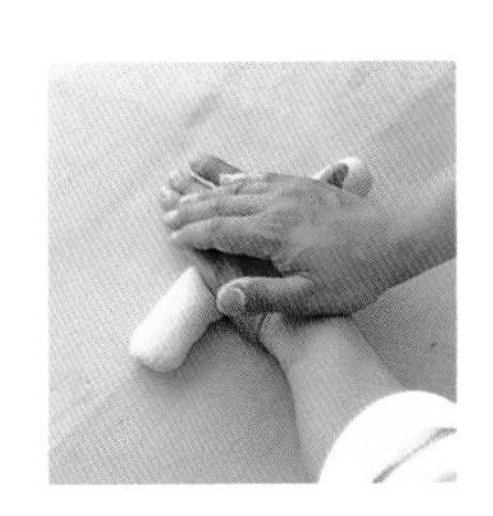

6 輕輕搓揉成為長條狀。

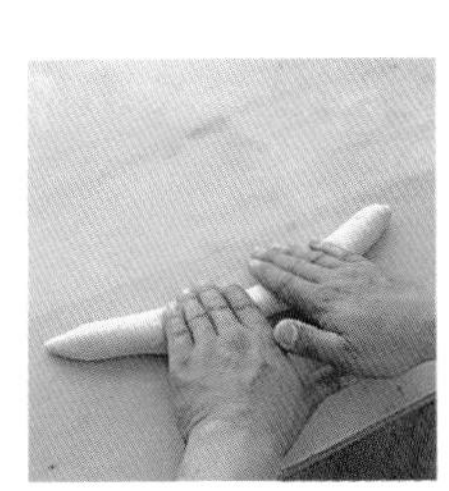

7 搓成45cm的長度，兩手以反方向將麵糰兩端滾成細尖形狀。

8 將烤盤上的烘焙布中央拉起隔開待烤的麵糰，麵糰間的距離不要太近、收口朝下。

9 蓋上布巾發酵1小時30分。

10 麵糰發酵至原來的2倍大即發酵完成。

11 烤盤塗上奶油後用木板將**10**的麵糰移到烤盤上，收口朝下。

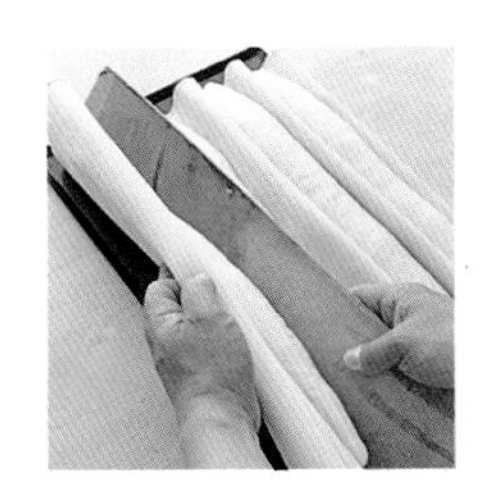

12 刀片斜切麵糰表面約5~6刀，烤箱放一碗水以220℃預熱烤箱→見 *p15* 做法**33**，烤約20分左右。

PAIN AU SON
麥糠麵包

這種麵包也是傳統法國麵包之一，食物纖維等營養成分含量高，為醫院中給予病人補充營養最佳的來源。

Les ingrédients pour
2 pains de 340*g*
可做2個340*g*的麥糠麵包

法國麵粉 Type 55　250 g
麥糠（麩子）　80g
鮮酵母　8g
鹽　9g
水　260 cc
發酵麵糰→見*p11*　80g

裝飾：
麥糠　適量

préparation :
■準備工作：
做法跟鄉村麵包一樣，發酵1小時後取出分成2等份，滾成球狀後靜置鬆弛→見*p14*、*15*做法**1~20**。

1 將麵糰收口朝上並用手壓平將空氣擠出。

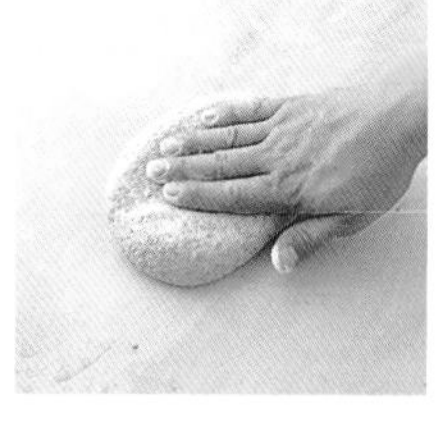

2 麵糰90度換邊後再用手將空氣完全擠出。

3 上方的1/3往下對折後用手指壓緊。

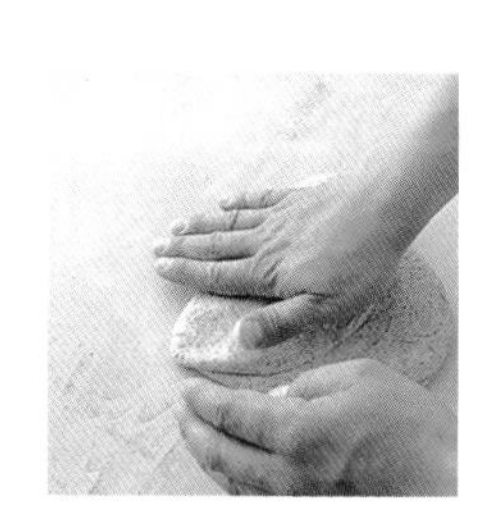

4 再對折下面的1/3並用手指壓緊，用手掌將麵糰壓成扁平狀並擠出空氣。

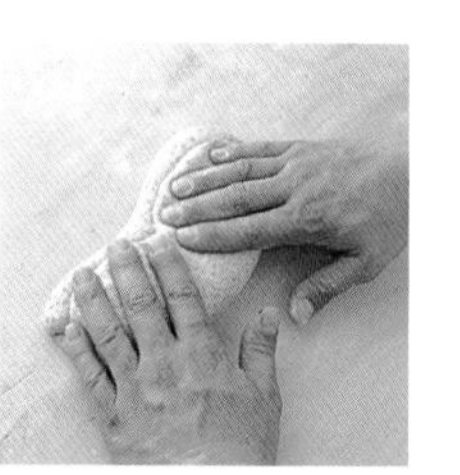

5 麵糰對折並用力壓緊收口。

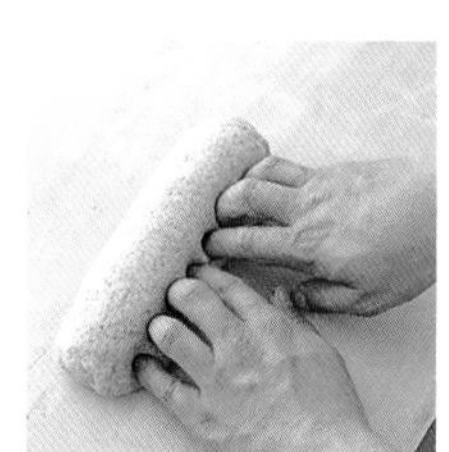

6 收口朝下並用手將麵糰輕輕搓揉。

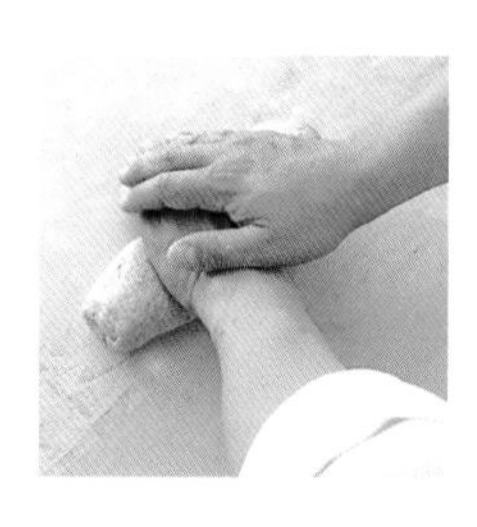

7 搓成28cm的長度，兩手以反方向將麵糰兩端搓成細尖型。

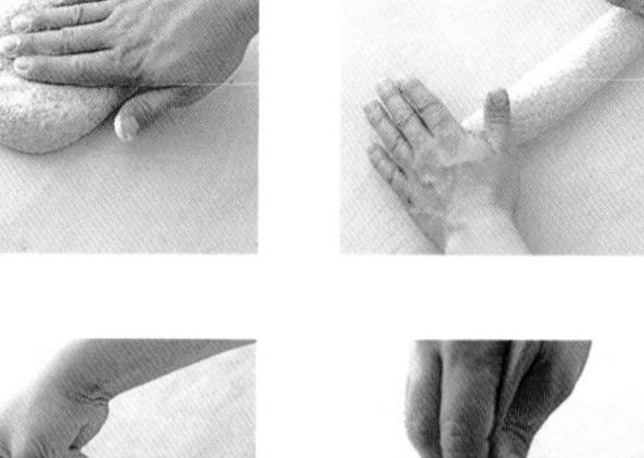

8 麵糰表面沾水。

9 再均勻的沾上麥糠。

10 烤盤塗上奶油、收口朝下，蓋上布發酵約1小時40分鐘。

11 麵糰發酵至原來的2倍大即發酵完成，刀片垂直刮3痕，烤箱放一碗水以230℃預熱烤箱→見*P15*做法**33**，烤約30分左右。

RUSTIQUE
田園風麵包

PAIN POLKA
波勒卡麵包

RUSTIQUE
田園風麵包

純樸的田園風，名字是從鄉村麵包變化出來的，不用作特殊造型、做法也很簡單。

Les ingrédients pour
3 *pains de* 350 *g*
可做3個350*g* 的田園風麵包

法國麵粉 Type 55　500 g
黑麥粉　5 g
鮮酵母　8 g
鹽　10 g
水　350 cc
發酵麵糰→見 *p11*　200 g

préparation :
■準備工作：
做法跟鄉村麵包一樣，發酵45分~1小時→見*p14*做法**1~15**。

1 工作台上撒上粉後用刮板取出麵糰整型成長方形，用手掌輕壓、將空氣擠出後在表面撒點麵粉。

5 烘焙布拉起隔開3個麵糰，麵糰不要放得太近，要留點空間。

2 烘焙布放在烤盤上撒多一點麵粉。

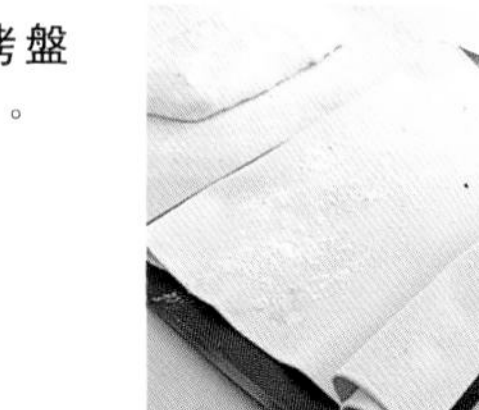

6 蓋上布巾發酵1小時~1小時30分。

3 用切麵刀將麵糰切成3等份，這種麵包的麵糰不用算得太精準，大約分成3等份就可以了。

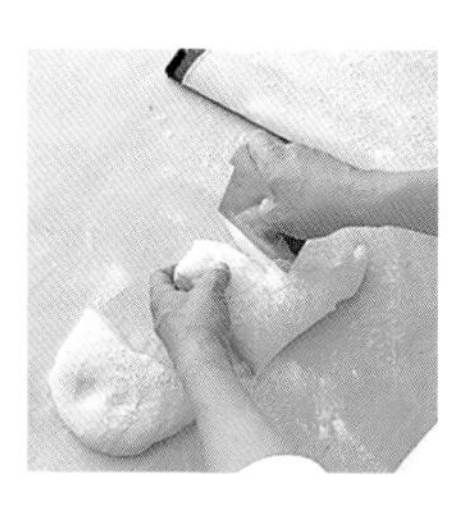

7 麵糰發酵至原來的2倍大即完成發酵，表面撒上麵粉。

4 將麵糰較光滑一面朝上放在舖在烤盤上的烘焙布上。

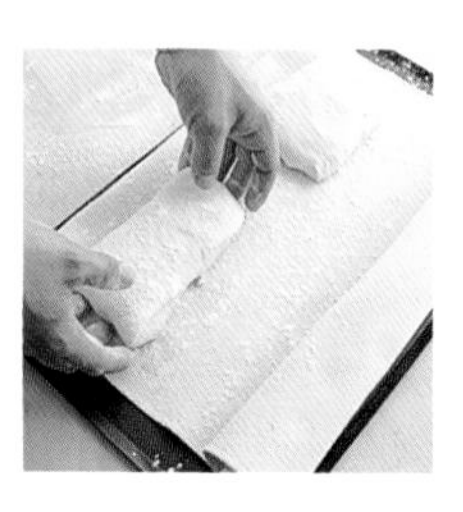

8 將麵糰小心地翻至木板上，麵糰的反面朝上；烤盤塗奶油。

9 再用木板將麵糰翻回烤盤上，正面朝上。

10 用刀片從中央劃一痕，烤箱放一碗水以230℃預熱烤箱→見*p15*做法**33**，烤約35分左右。

PAIN POLKA
波勒卡麵包

法國東南部的鄉下地方因為氣候嚴寒會將麵包放置50年以上，這種麵包皮厚、表面呈波勒卡式的格子狀。

Les ingrédients pour
1*pain de* 1460*g*
可做1個1460*g* 的波勒卡麵包

法國麵粉 Type 55　550 g
全麥粉　100 g
鮮酵母　15g
鹽　15g
水　400 cc
發酵麵糰→見 *p11*　380 g

préparation :
■準備工作：
做法跟鄉村麵包一樣，發酵15分
→見 *p14* 做法**1~15**。

1 工作台上撒點麵粉，用刮板將麵糰取出。

2 將麵糰對折並擠出空氣。

3 光滑面朝上並滾圓麵糰。

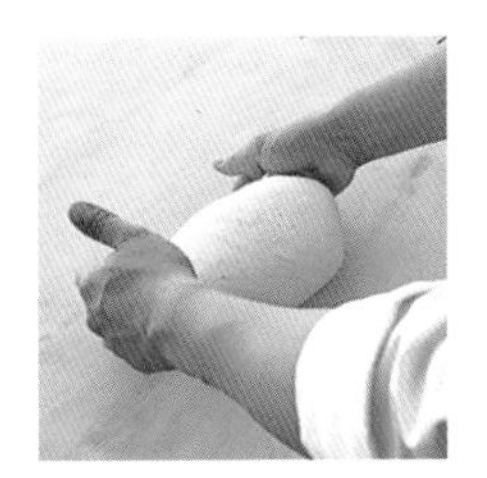

4 用手掌壓平麵糰將空氣擠出。

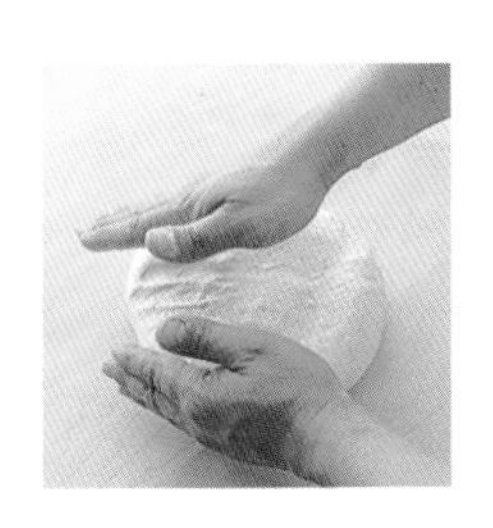

5 再將麵糰由上往下滾圓、讓麵糰表面有光滑感。

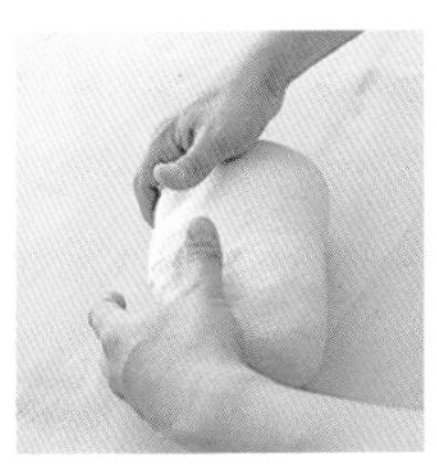

6 輕輕將麵糰滾圓，再將麵糰壓平，如果滾得太過用力會讓麵糰失去彈性。

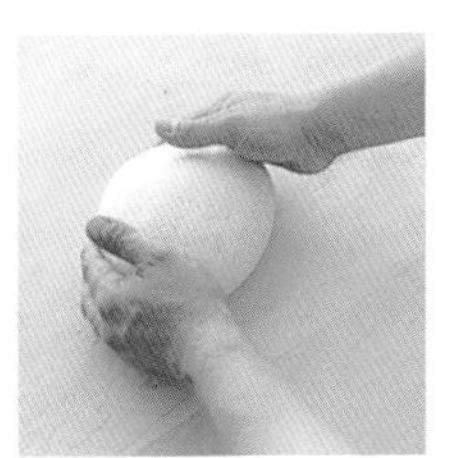

7 用手掌壓平麵糰呈圓形狀。

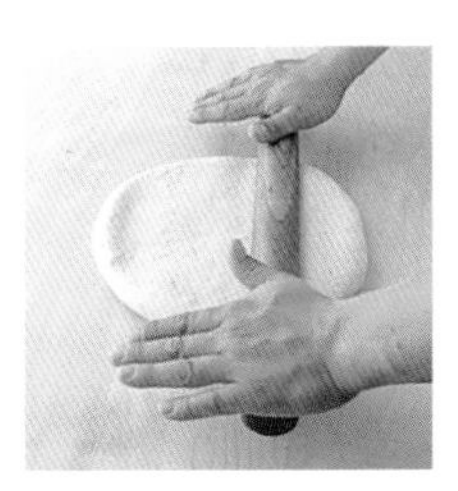

8 再用擀麵棍將麵糰擀平。

9 烤盤上塗上奶油後，放上麵糰並蓋上布巾發酵30分。

10 用刀子在麵糰表面劃刀，劃成格子狀。

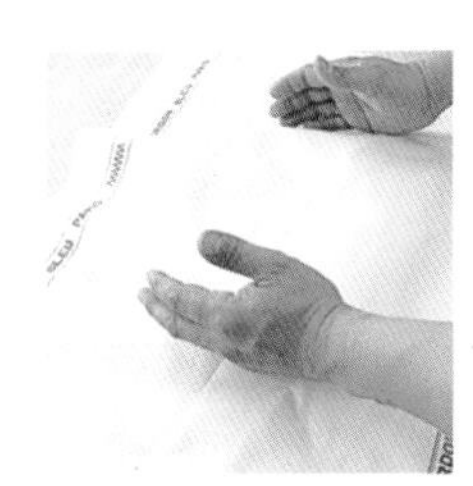

11 再蓋上布巾發酵45分鐘。

12 麵糰發酵至原來的2倍大後即發酵完成，麵糰表面篩上麵粉後，烤箱內放一碗水以240℃預熱烤箱→見*p15*做法**33**，烤約35分左右。

PAIN PAYSAN
農夫麵包

農夫麵包與鄉村麵包可說是兄弟檔，因為做法相同、外型相似，只不過鄉村麵包加了黑麥粉，而農夫麵包使用的是全麥粉。

Les ingrédients pour
3 *pains de* 320 *g*
可做3個320*g* 的農夫麵包

法國麵粉 Type 55　400 g
全麥粉　100 g
鮮酵母　10g
鹽　10g
水　350 cc
發酵麵糰→見 *p11*　100 g

préparation :
■準備工作：
做法跟鄉村麵包一樣，發酵45分→見 *p14* 做法**1~15**。

1 工作台上撒點粉，用刮板取出麵糰並切成3等份，用手掌壓平並將空氣壓出。

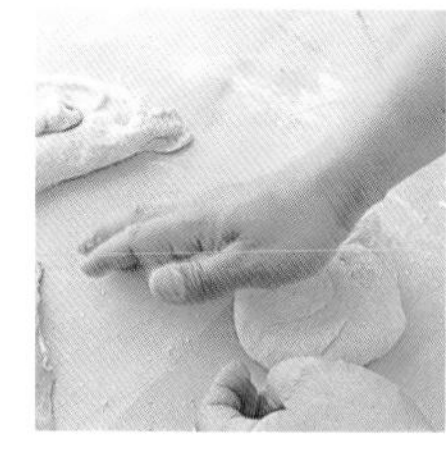

2 將空氣完全擠出後再用手滾圓麵糰。

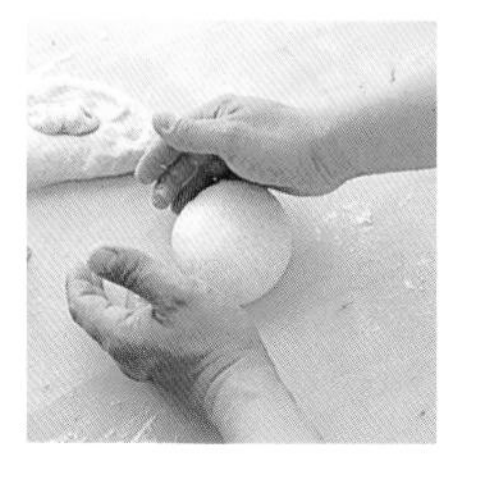

3 蓋上布巾後靜置15分鐘。

4 將上方1/3麵糰往下對折後用手指壓緊密合處，下方1/3麵糰亦用相同方式將空氣擠出。

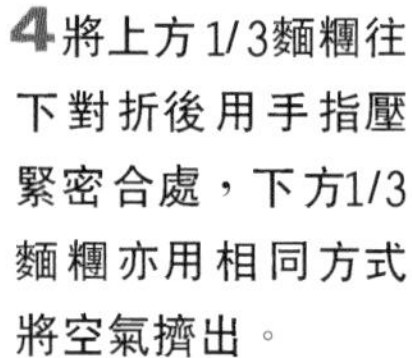
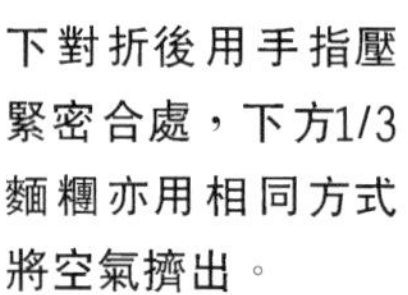

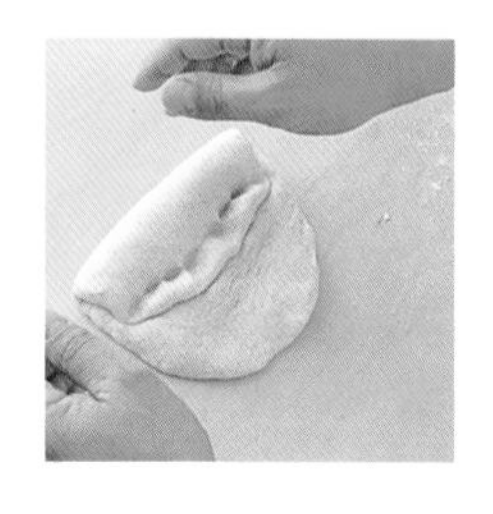

5 對折並用力將收口封緊。

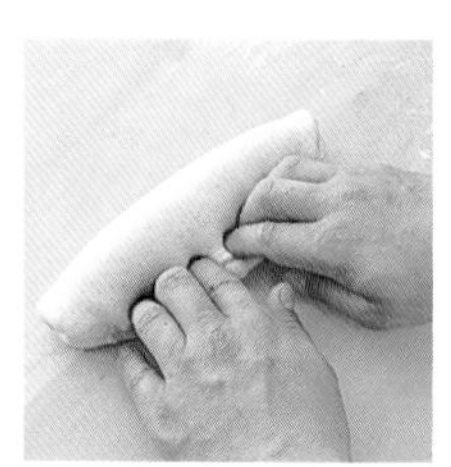

6 收口朝下，由麵糰中央慢慢搓至兩端呈細尖型、全長26cm的麵糰。

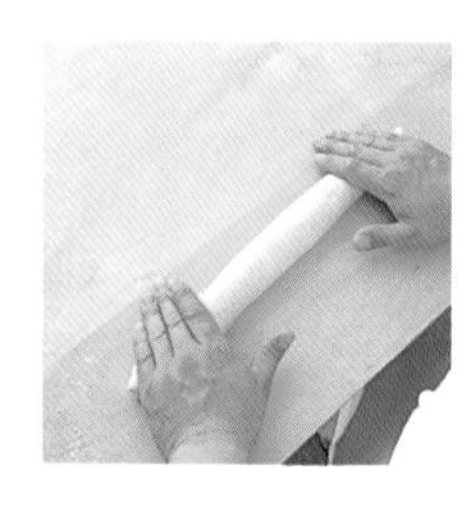

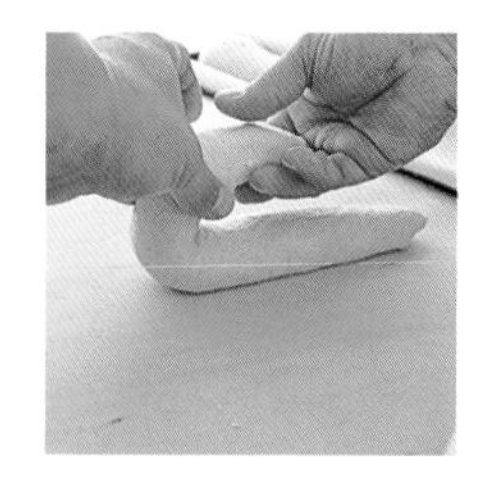

7 收口朝上並將平的一端向內對折1/3。

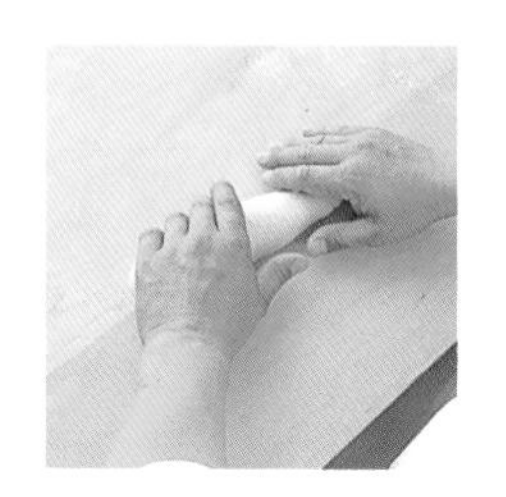

8 將對折面朝下並搓揉成三角形胡蘿蔔狀。

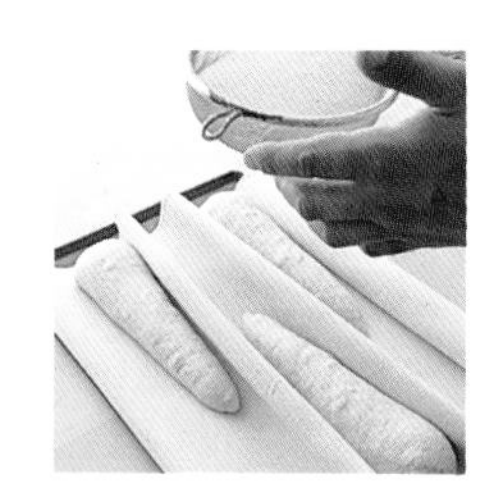

9 烤盤上的烘焙布拉起隔開3個麵糰，避免麵糰靠得太近；麵糰的收口朝下並在表面撒點麵粉。

10 麵糰從較平的地方起劃八字狀，蓋上布巾發酵1小時15分~1小時30分。

11 麵糰發酵至原來的2倍大即可，烤盤上抹奶油並用木板貼著麵糰表面，小心移動至烤盤，移動時反面朝上。

12 再輕輕將麵糰放到烤盤上，烤箱內放入一碗水以230℃預熱烤箱→見 *p15* 做法**33**，烤約30分左右。

TABATIÈRE, FENDU

香煙盒、裂縫麵包

TOURTE AUVERGNATE
奧弗涅圓麵包

TABATIÈRE, FENDU
香煙盒、裂縫麵包

法國奧弗涅地方常見的麵包，*FENDU*是「裂縫」的意思，*TABATIÈRE*是「香煙盒」的意思。

Les ingrédients pour
2 pains de 470*g*
可做2個470*g*的麵包

法國麵粉Type 55　200 g
高筋麵粉　200 g
黑麥粉　50g
鮮酵母　20g
鹽　8g
砂糖　10g
水　270 cc
發酵麵糰→見*p11*　200 g

裝飾：
黑麥粉　適量

préparation :
■準備工作：
做法跟鄉村麵包一樣，但需要砂糖和水一起加入，發酵1小時→見*p14* 做法**1~15**。

commentaires :
■和乳酪（Cantal，Saint Nectaire）搭配著一起吃會更美味。

1 工作台上撒點麵粉並用刮板將麵糰取出分成2等份，用手掌壓平擠出空氣，將麵糰滾動成球狀。

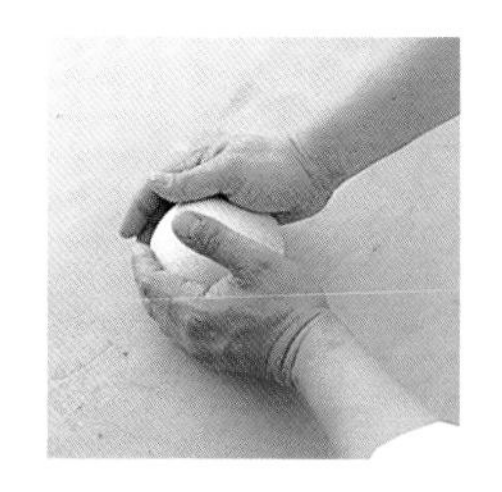

2 蓋上布後靜置15分鐘。

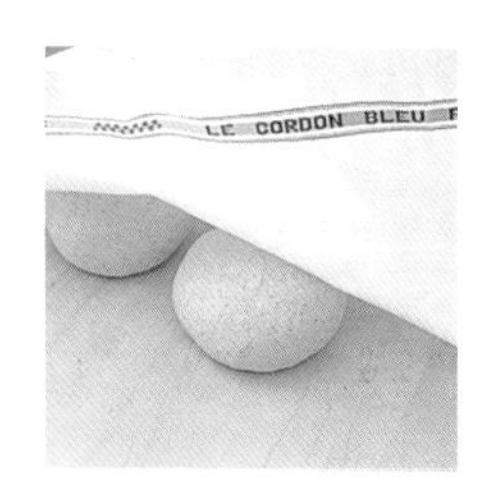

3 裂縫麵包做法
一個麵糰翻面並用手掌將空氣擠出，折1/3麵糰並用手指壓緊收口、將空氣擠出。

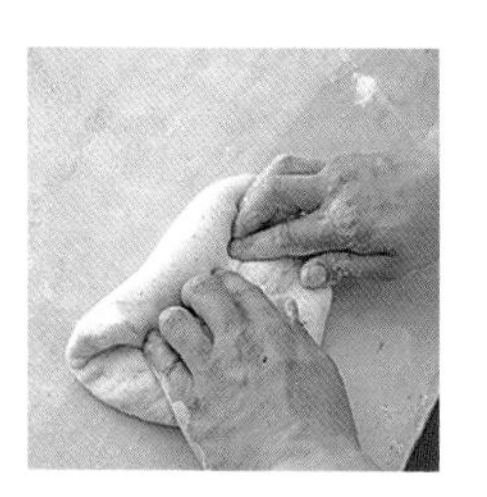

4 剩餘1/3麵糰向上對折並擠出空氣，再對折一次將收口封緊，封口朝下輕輕滾動麵糰，滾成32公分的長條形。

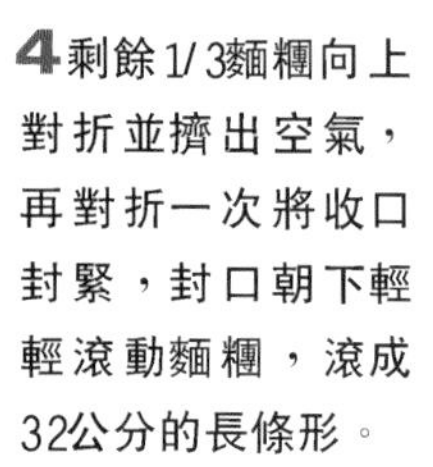

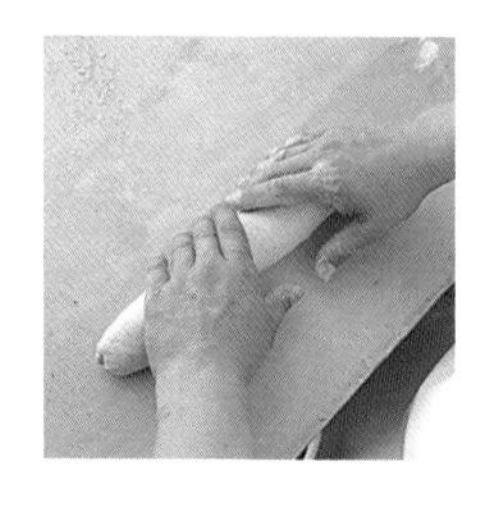

5 中間撒多一點的黑麥粉，用細的擀麵棍從麵糰中央壓出一條線，此為裂縫麵包。

6 香煙盒麵包做法
將麵糰輕輕滾圓成球狀。

7 撒上黑麥粉（份量外）後用擀麵棍將一半擀成薄薄的麵糰，這時若粉撒的不夠多，麵糰就容易黏在工作台上。

8 在對折的中心部位抹上水。

9 將擀薄的麵糰向上對折即為香煙盒麵包。

10 黑麥粉（份量外）均勻撒在烘焙布上，蓋上布發酵1小時15分~1小時30分。

11 烤盤抹奶油，再用木板小心將麵糰移至烤盤上。

12 麵糰表面撒上黑麥粉，烤箱內放一碗水以230℃預熱烤箱→見*p15*做法**33**，烤約30分左右。

TOURTE AUVERGNATE
奥弗涅圓麵包

在法國奥弗涅地方*Cantal*的名產。為一圓形麵包，因為它的皮很厚，可保存較久，所以在當地很受歡迎。

Les ingrédients pour
2 *pains de* 690 *g*
可做2個690*g* 的麵包

matériel：
ϕ22cm藤模（2個）

法國麵粉Type 55　150 g
黑麥粉　550 g
鮮酵母　5 g
鹽　12g
水　450 cc
發酵麵糰→見 *p11*　230 g

préparation：
■準備工作：
做法跟鄉村麵包一樣，但是因為黑麥粉的含量較多容易使麵糰變得較黏、較軟，所以製作過程中要特別留意麵糰的軟硬度。

commentaires：
■切成薄片和乳酪搭配食用，康塔爾地方（Cantal，Saint Nectaire、Salers）是乳酪的生產地。

1 藤模內均勻篩上黑麥粉（份量外），黑麥粉如果撒太多造型就會不明顯、撒太少麵糰容易黏住而不易取下來。

2 發酵到剛好的狀態，工作台上撒點麵粉，用刮板將麵糰取出分成2等份。

3 用手掌壓平麵糰，麵糰四周向內折將空氣擠出。

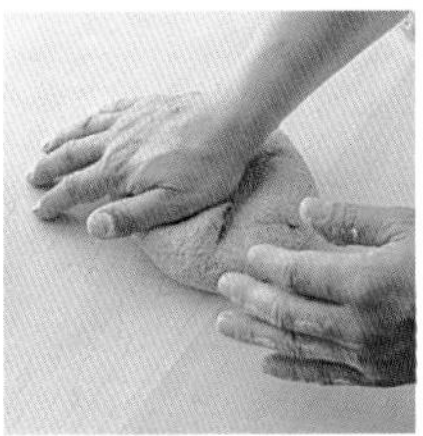

4 麵糰有光滑感時換面滾圓，並將收口朝下，麵糰表面要有緊繃感。

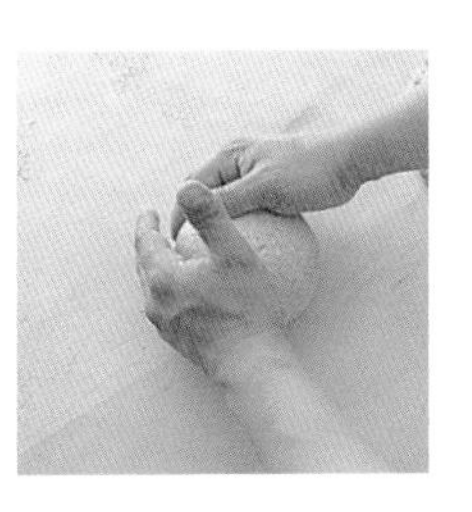

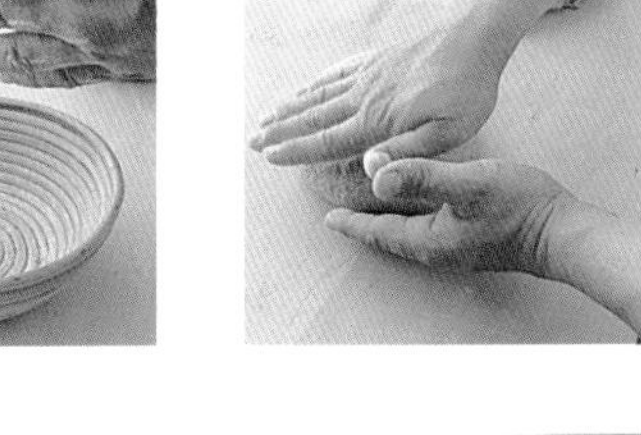

5 用手掌壓平麵糰、上方呈扁平狀。

6 收口朝上將麵糰放入藤模並輕壓。

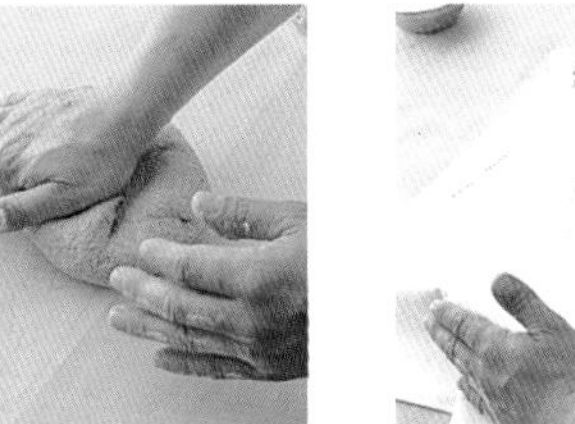

7 蓋上布巾並發酵1小時45分，注意溫度如果太高麵糰會黏住藤模而不易取出。

8 麵糰發酵至原來的2倍大即可，若發酵過度麵糰則會扁塌。

9 烤盤抹上奶油，輕輕將麵糰倒在手上取出。

10 小心麵糰形狀，麵糰放上烤盤，有紋路的一面朝上，在烤箱放一碗水以230℃預熱烤箱→見*p15*做法**33**，烤約40-50分左右。

PAIN DE SEIGLE AUX NOIX
黑麥核桃麵包

法國東南部出產的麵包，適合搭配乳酪、田螺一起食用，過去只使用黑麥為原料，現在則改為黑麥核桃麵包。

Les ingrédients pour
3 pains de 320 g
可做3個320g 的黑麥核桃麵包

matériel：
18×7cm長型模（3個）

法國麵粉Type 55　300 g
黑麥粉　50g
全麥粉　120 g
鮮酵母　15g
鹽　10g
水　340 cc
發酵麵糰→見 *p11*　50g

核桃　100 g

préparation：
■準備工作：
做法跟鄉村麵包一樣，手持續用打10分鐘左右即可→見 *p14* 做法**1~13**。

1 在麵糰拌勻完成前3分鐘（麵糰表面呈光滑感後）加入核桃。

2 用刮板邊刮邊搓揉均勻直到麵糰不會黏在工作台上為止。

3 工作台上撒點麵粉並拿起麵糰往工作台用打後對折，轉90度後重複做數次讓核桃均勻散佈。

4 放入盆中蓋上保鮮膜發酵1小時（第一次發酵）。

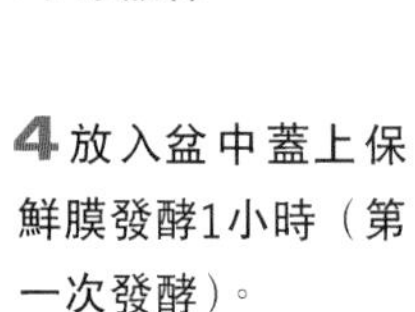

5 待麵糰發酵至原來的2倍大時即完成發酵。

6 將麵糰分成3份，每份320g，搓圓後蓋上布巾靜置15分鐘。

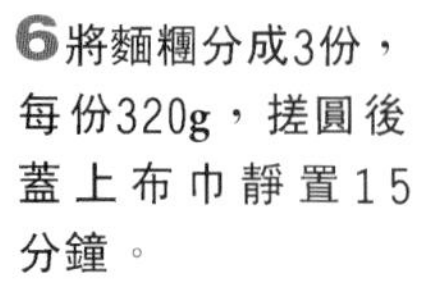

7 收口朝上並撒點麵粉，用手掌將空氣擠出，對折1/3麵糰後再用手掌擠出空氣。

8 下方朝上並將空氣擠出，對折麵糰後用手指壓緊麵糰，搓揉麵糰讓表面緊繃。

9 將麵糰搓成比模型稍長的長度，收口朝上兩端向內折成長約18cm麵糰，換面後再將麵糰搓成模型內緣的長度與寬度。

10 模型抹油，收口朝下放入麵糰。

11 麵糰約為模型的一半高度，蓋上布再發酵1小時。

12 麵糰發酵至原來的2倍大即可，在烤箱放一碗水以220℃預熱烤箱→見 *p 15* 做法**33**，烤約40分左右。

PAIN AU BACON
培根麵包

PAIN AUX OIGNON
洋蔥麵包

PAIN AU BACON
培根麵包

培根烤過的香味會讓人食指大動，若加入乳酪或沙拉會更好吃唷。

Les ingrédients pour
2 pains de 250*g*
可做2個250*g* 的培根麵包

法國麵粉 Type 55　200 g
鮮酵母　6 g
鹽　4 g
水　125 cc
發酵麵糰→見 *p11*　100 g

培根（切成5㎜丁狀）　75 g

裝飾：
蛋液　適量

préparation :
■準備工作：
做法跟鄉村麵包一樣，手持續甩打5分鐘左右即可→見*p14* 做法 **1-13**。

1 將麵糰壓平後放入切好的培根，折約1/3的麵糰並把收口壓緊。

7 麵糰發酵至原來的2倍大即可。

2 由上方開始往下捲把培根包起來，最後把口封緊。

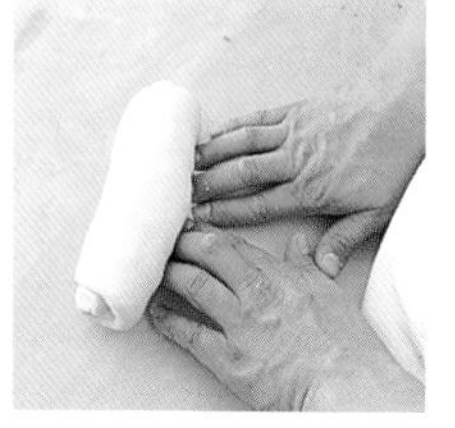

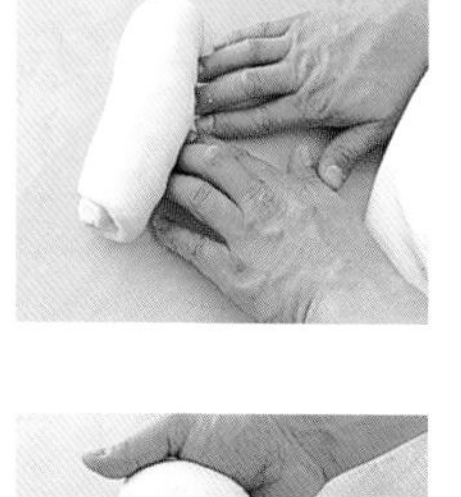

8 工作台撒粉，用刮板取出麵糰並切成2個250g的麵糰滾圓，蓋上布巾靜置15分鐘後將麵糰收口朝上並壓平擠出空氣。

3 收口朝下並握住兩端向下折成球狀。

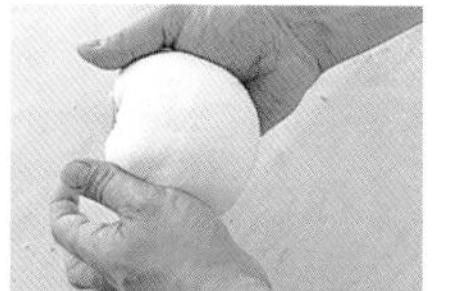

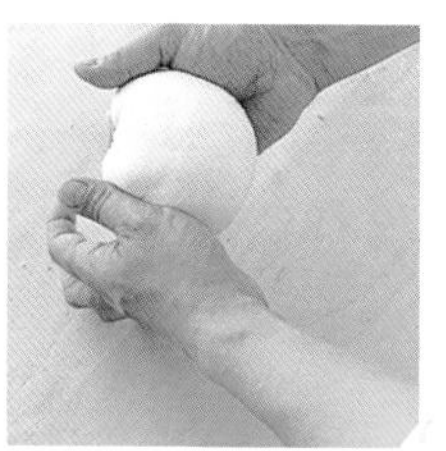

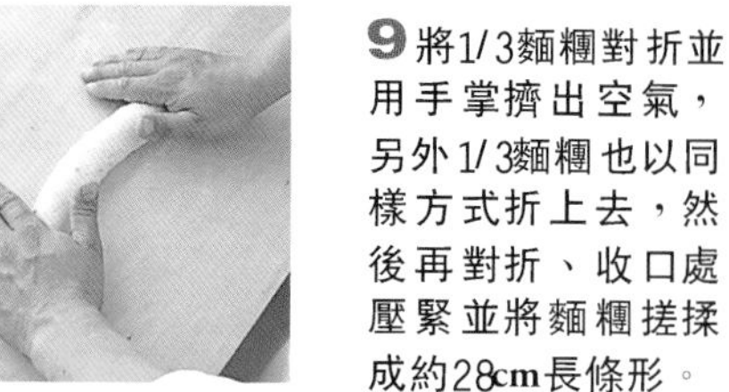

9 將1/3麵糰對折並用手掌擠出空氣，另外1/3麵糰也以同樣方式折上去，然後再對折、收口處壓緊並將麵糰搓揉成約28cm長條形。

4 用打麵糰，對折將空氣包住，轉90度後重複此動作數次，使表面呈光滑有彈性且培根與麵糰均勻混合在一起，搓揉約3-4分鐘。

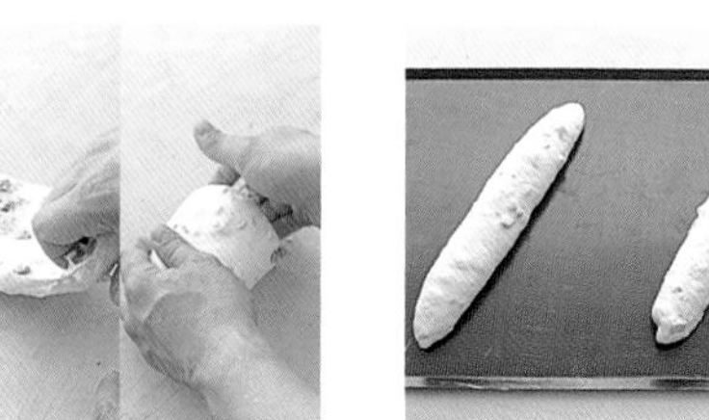

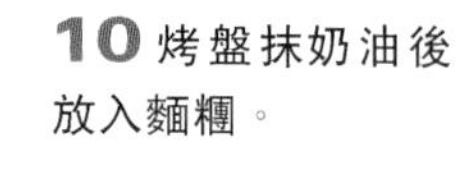

10 烤盤抹奶油後放入麵糰。

5 收口朝下用雙手滾圓成球狀。

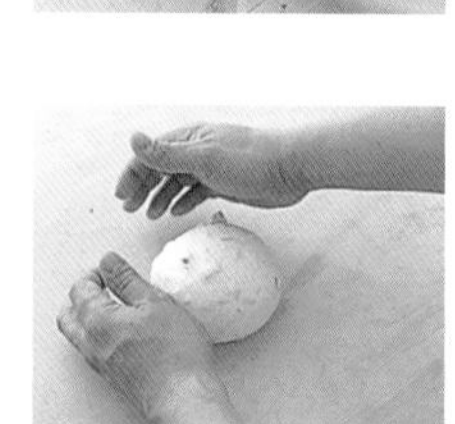

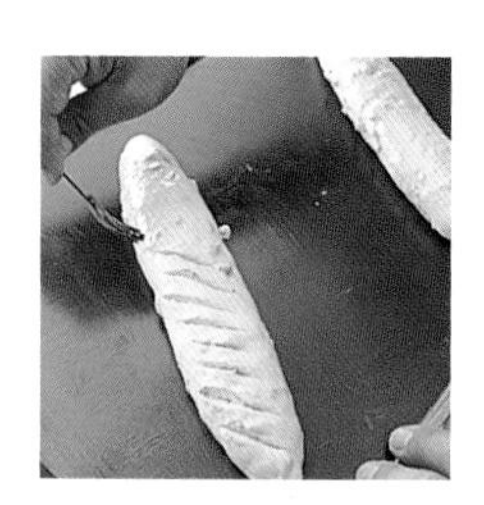

11 麵糰表面刷上蛋液，用刀片切成斜紋。

6 放入鋼盆並蓋上保鮮膜發酵1小時（第一次發酵）。

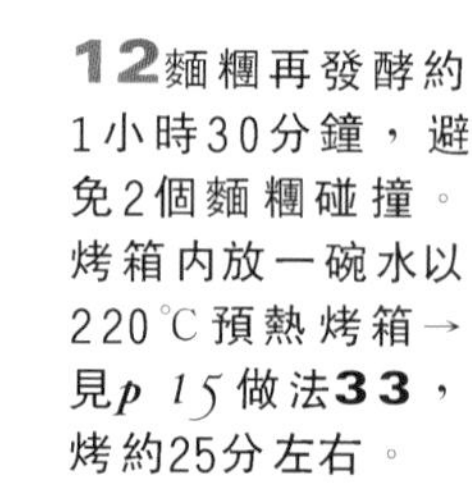

12 麵糰再發酵約1小時30分鐘，避免2個麵糰碰撞。烤箱內放一碗水以220℃預熱烤箱→見*p 15* 做法**33**，烤約25分左右。

PAIN AUX OIGNONS
洋蔥麵包

湯或沙拉不可缺少的好夥伴，裡頭的洋蔥可用新鮮的也可用炒過的，甚至是炸過的也*OK*，深受大家的歡迎。

Les ingrédients pour
2 pains de 300 g
可做2個300*g* 的洋蔥麵包

法國麵粉 Type 55　300 g
鮮酵母　6 g
鹽　9 g
水　180 cc
發酵麵糰→見 *p 11*　80 g

洋蔥（切細丁）　80*g*

préparation :

■準備工作：
做法跟鄉村麵包一樣，手持續甩打5～6分鐘左右即可→見*p14*做法**1~13**。

1 壓平麵糰，將洋蔥放入麵糰中央並壓一壓。

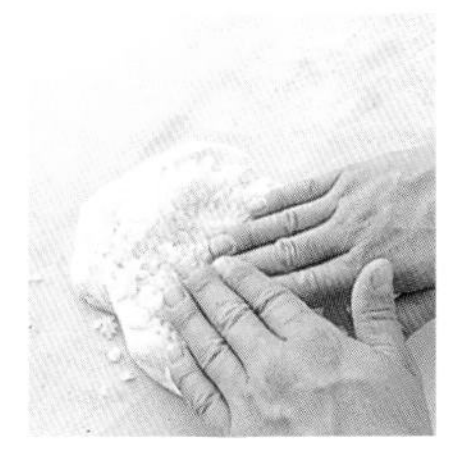

2 麵糰上下約1/3對折包住洋蔥後再左右對折成圓球狀。

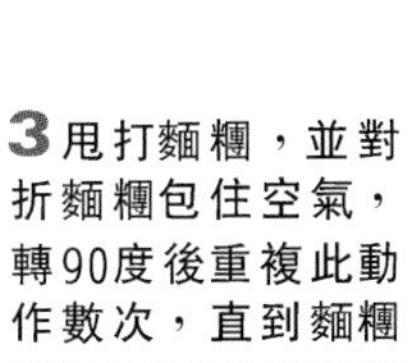

3 甩打麵糰，並對折麵糰包住空氣，轉90度後重複此動作數次，直到麵糰表面呈現光滑有彈性的狀態，再搓揉約4~5分鐘左右。

4 洋蔥的水分會讓麵粉變軟，如果麵糰有點黏了話就撒點麵粉，收口朝下滾圓。

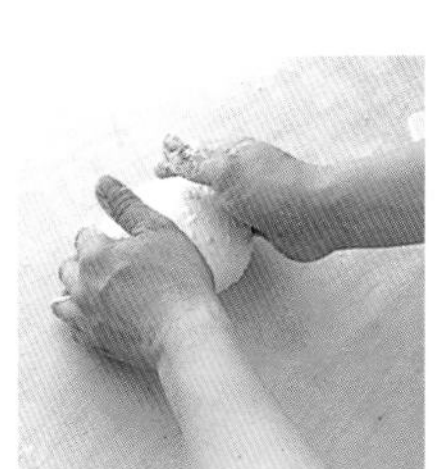

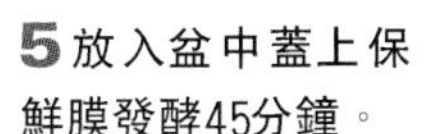

5 放入盆中蓋上保鮮膜發酵45分鐘。

6 麵糰發酵至呈原來的2倍大即可。

7 將麵糰用刮板取出，在工作台上撒點麵粉，分成300g的麵糰2個，並立即用力滾圓，蓋上布巾靜置15分。

8 麵糰表面撒點麵粉，手上也沾點粉，用手掌壓平麵糰。

9 重複做**3**的動作後再滾圓麵糰，因麵糰容易塌，所以要用力滾圓。

10 烤盤上抹奶油，麵糰收口朝下放入。

11 用刀片劃樹葉的形狀，避免2個麵糰相互擠壓，將麵糰蓋上布巾並發酵1小時15分~1小時30分。

12 麵糰發酵至原來的2倍大即可，在烤箱放1碗水以220℃預熱烤箱→見*p 15*做法**33**，烤約25分左右。

PAIN AUX OLIVES
橄欖麵包

這個利用橄欖製作的麵包是法國東南部人常吃的麵包，搭配乳酪特別對味唷。

Les ingrédients pour
2 pains de 230*g*
可做2個230g的橄欖麵包

法國麵粉 Type 55　200g
黑麥粉　30g
鮮酵母　6g
鹽　6g
水　130cc
橄欖油　50cc

黑橄欖（切細丁）　45g

préparation :
■準備工作：
做法跟鄉村麵包一樣，用手甩打5分鐘左右即可加入水和橄欖油。→見*p14*做法**1~13**。

1 壓扁麵糰後中央放入切好的橄欖，用刮板將麵糰切成數段，不斷搓揉混合並滾圓。

7 搓揉麵糰將麵糰拉長約45cm的棒子形狀，再切對半。

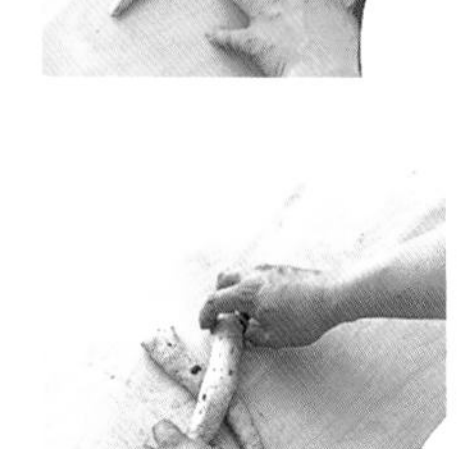

2 麵糰在工作台上甩打，轉90度後重複此動作數次，直到麵糰表面呈現光滑有彈性的狀態、搓揉約5分鐘左右。

8 2條麵糰交叉放，呈X形。

3 待表面呈光滑狀後即可放入盆中蓋上布發酵35分鐘。

9 握住較細的一端將2條麵糰相互交叉，右手往內轉、左手往外轉。

4 待麵糰發酵至原來的2倍大即發酵完成。

10 為了使麵糰較緊密，兩手握住麵糰2端上下滾動封住口，這種狀態類似抹布，　　　（抹布）便是一例。

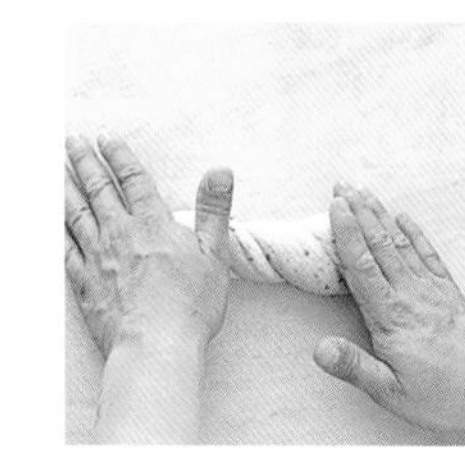

5 分成230g麵糰2個並滾圓至表面呈光滑狀，蓋上布巾靜置10分鐘。

11 烤盤上抹奶油並將麵糰放入、蓋上布發酵約1小時15分鐘。

6 麵糰上下約1/3對折並將空氣擠出後再上下對折並封緊收口，雙手放在麵糰的中央搓揉。

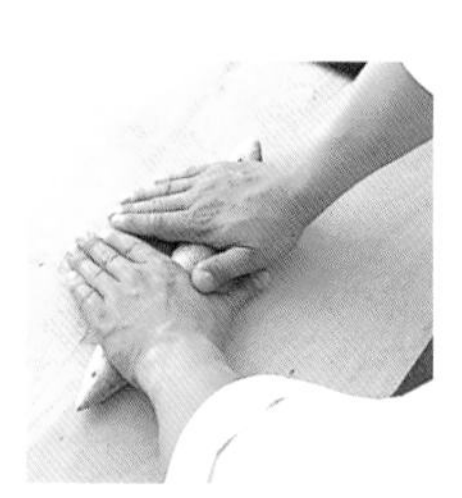

12 待麵糰發酵至原來的2倍大即完成，烤箱內放一碗水以220℃預熱烤箱→見*p15*做法**33**，烤約30分左右。

PAIN AUX CÉRÉALES
雜糧麵包

PAIN À L'ORGE
大麥麵包

PAIN AUX CÉRÉALES
雜糧麵包

雜糧麵包源自於德國，常被利用於食療；可保存很久。

Les ingrédients pour
2 *pains de* 315*g*
可做2個315*g* 的雜糧麵包

matériel：
19×10cm吐司模型(2個)

法國麵粉 Type 55　250g
黑麥　100g
燕麥　20g
亞麻仁　15g
鮮酵母　8g
鹽　8g
水　150cc
牛奶　80cc

裝飾：
燕麥　適量
白芝麻　適量

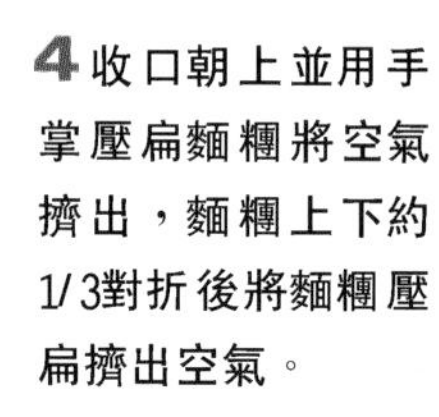

préparation：
■準備工作：
麵糰是由法國麵粉、黑麥粉、燕麥和亞麻仁一起攪拌，做法和鄉村麵包一樣，水和牛奶一起加入後發酵45分鐘。→見 *p14* 做法 **1~15**。

commentaires：
■也可用向日葵的種子代替亞麻仁，將亞麻仁切碎一起混合口感會比較好。

1 麵糰發酵至原來的2倍大後取出，放在撒上麵粉的工作台上。

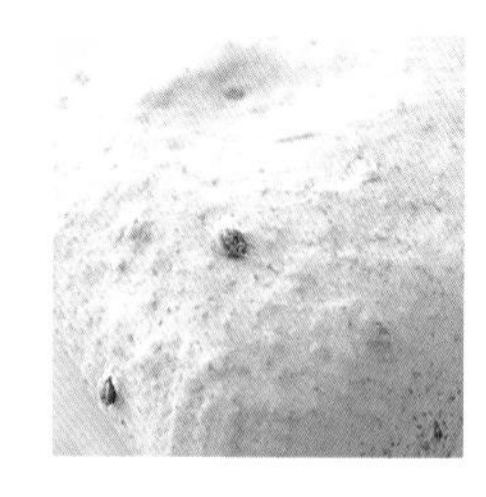

2 將麵糰切成315g的麵糰2個，用手掌壓平麵糰，四周向內折將空氣擠出並輕輕滾圓。

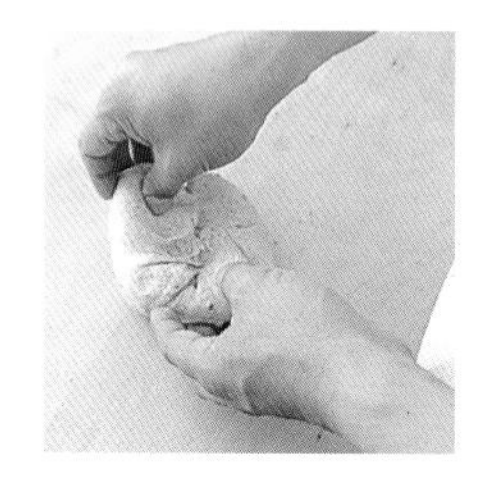

3 蓋上布巾靜置約15分鐘。

4 收口朝上並用手掌壓扁麵糰將空氣擠出，麵糰上下約1/3對折後將麵糰壓扁擠出空氣。

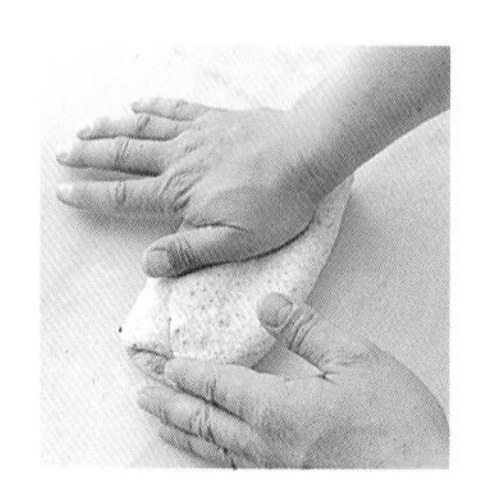

5 再左右對折並將收口壓緊，雙手放在麵糰中央輕輕搓揉成兩邊為細尖形的麵糰。

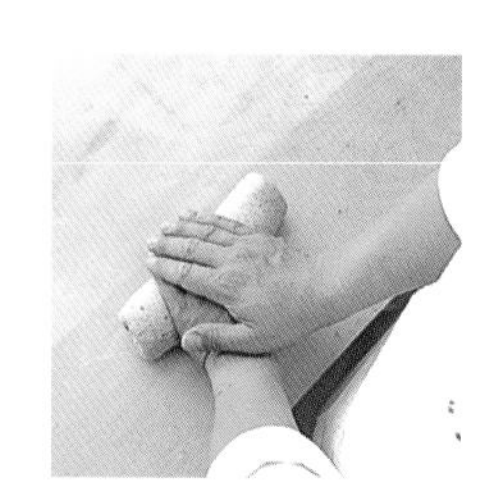

6 搓成長26cm且緊繃的麵糰，收口朝上、左右尖端向內折。

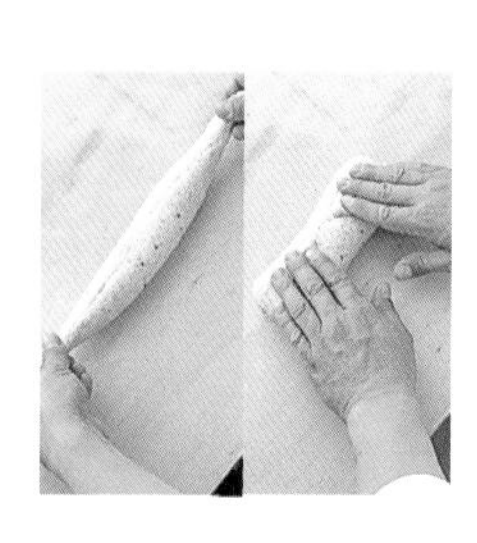

7 麵糰翻面並搓揉成長20cm的麵糰。

8 吐司模塗抹上奶油。

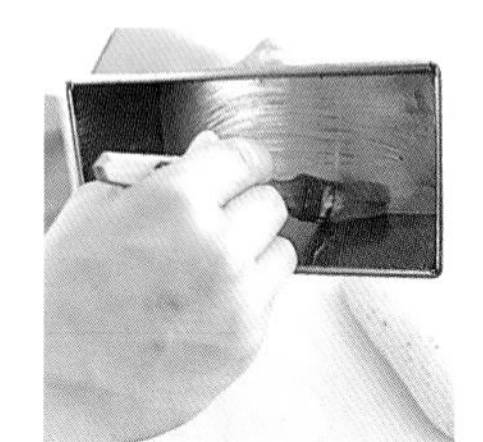

9 麵糰收口朝下放入模型中、輕壓麵糰。

10 為了避免讓麵糰表面乾燥，蓋上布巾發酵1小時15分~1小時30分。

11 麵糰發酵至原來的2倍大即可在表面刷上一層水。

12 表面撒上燕麥及白芝麻，烤箱中放一碗水以220℃預熱烤箱→見 *p15* 做法**33**，烤約30分左右。

PAIN À L'ORGE
大麥麵包

古代希臘就有的麵包種類，在古羅馬時代都是由奴隸來製作。

Les ingrédients pour
2 pains de 290 *g*
可做2個290*g* 的大麥麵包

法國麵粉 Type 55　100 g
大麥粉　150 g
全麥粉　50 g
鮮酵母　12 g
鹽　6 g
水　250 cc
鮮奶油　15 cc

裝飾：
燕麥　適量

préparation :
■準備工作：
做法和鄉村麵包一樣，水和鮮奶油一起加入，發酵1小時15分鐘。
→見 *p14* 做法**1~15**。

1 工作台上撒點麵粉並用刮板將麵糰取出，將麵糰分成2個各290g後壓扁，從邊緣向內折並滾圓。

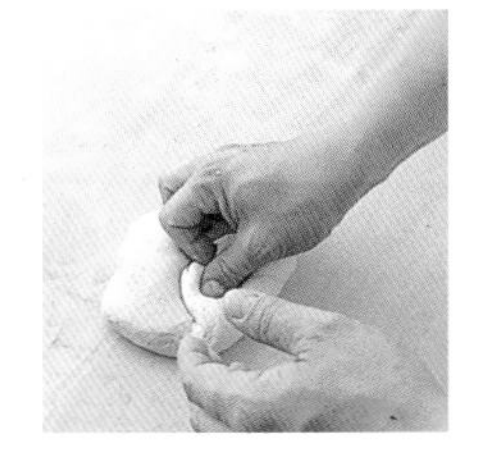

2 將麵糰滾圓。

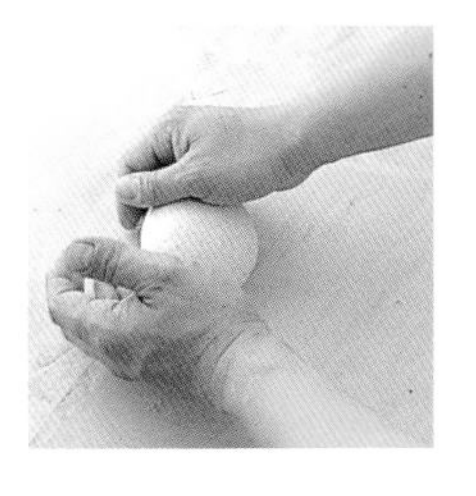

3 蓋上布巾後靜置15分鐘。

4 收口朝上並用手掌將麵糰壓平擠出空氣，再從邊緣向內折並滾圓。

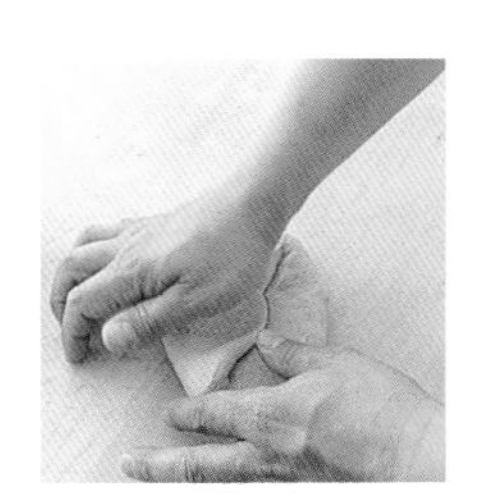

5 麵糰用手掌輕輕壓扁。

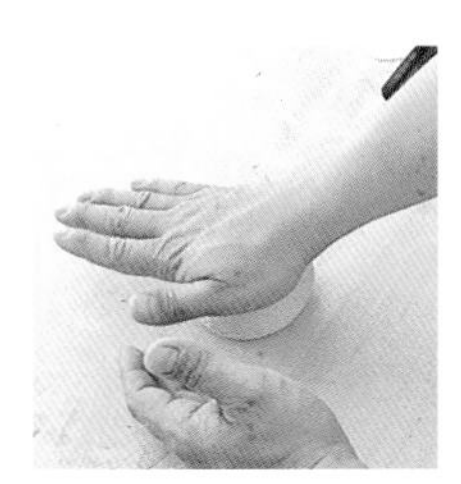

6 表面塗上水。

7 麵糰沾上大麥。

8 因為烤過後大麥容易掉落，請用手稍微用力壓緊。

9 烤盤上抹奶油，並將麵糰放上輕輕壓，為了避免表面乾燥，蓋上布巾發酵1小時35分。

10 麵糰發酵至原來的2倍大即可，烤箱中放一碗水以210℃預熱烤箱→見 *p15* 做法**33**，烤約30分左右。

PAIN DE DIEPPE
帝耶普麵包

這是法國諾曼第半島一個港都（*DIEPPE*）的名字，因為做法簡單所以法國南部也常吃到。

Les ingrédients pour
1 *pain de* 510 *g*
可做1個510*g* 的帝耶普麵包

法國麵粉 Type 55　200 g
鮮酵母　5 g
鹽　4 g
砂糖　4 g
水　110 cc
奶油　40 g
發酵麵糰→見 *p11*　150 g

裝飾：
蛋液　適量

préparation :

■準備工作：
做法和鄉村麵包一樣，鹽和砂糖一起加入，發酵麵糰和奶油一起加入，發酵40分鐘。→見 *p14* 做法 **1~15**。

1 工作台上撒點手粉，用刮板取出麵糰並壓平擠出空氣。

2 將麵糰由外向內折入。

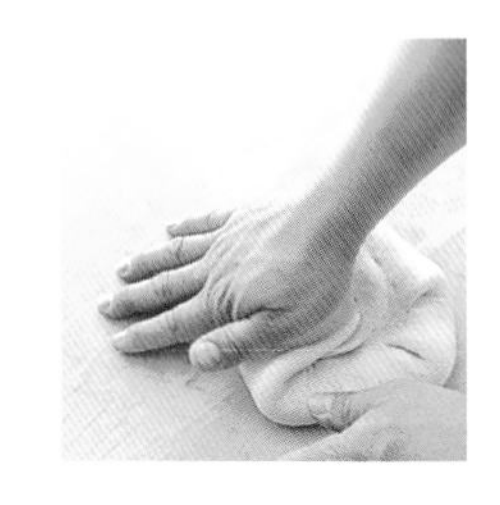

3 麵糰在工作台上甩打將空氣包住並將麵糰由內向外折。

4 麵糰90度轉向後重複做法**3**動作數次直到麵糰表面呈光滑狀。

5 麵糰呈光滑感後用雙手滾圓讓麵糰更緊密。

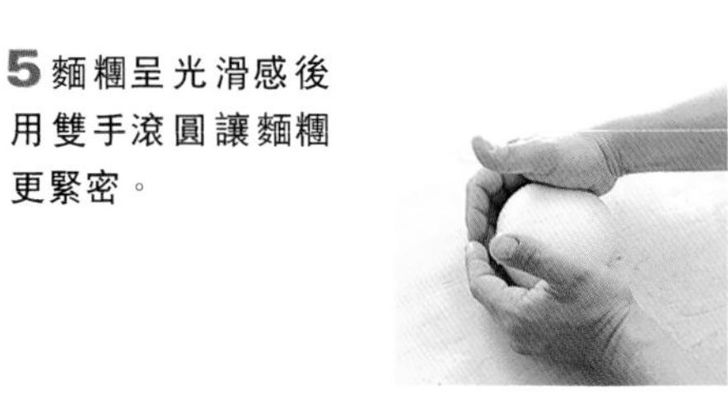

6 用手指在麵糰表面輕壓、確認麵糰有沒有彈性。

7 烤盤塗上奶油、麵糰表面刷蛋液。

8 刀片由中心向外刮劃成風扇狀。

9 輕輕蓋上布巾（避免表面圖案變形）發酵1小時30分。

10 發酵至原來的2倍大即可放入烤箱，烤箱預熱220℃並放入一碗水→見 *p15* 做法 **33** 烤約30分鐘左右。

CIABATTA
西亞巴達

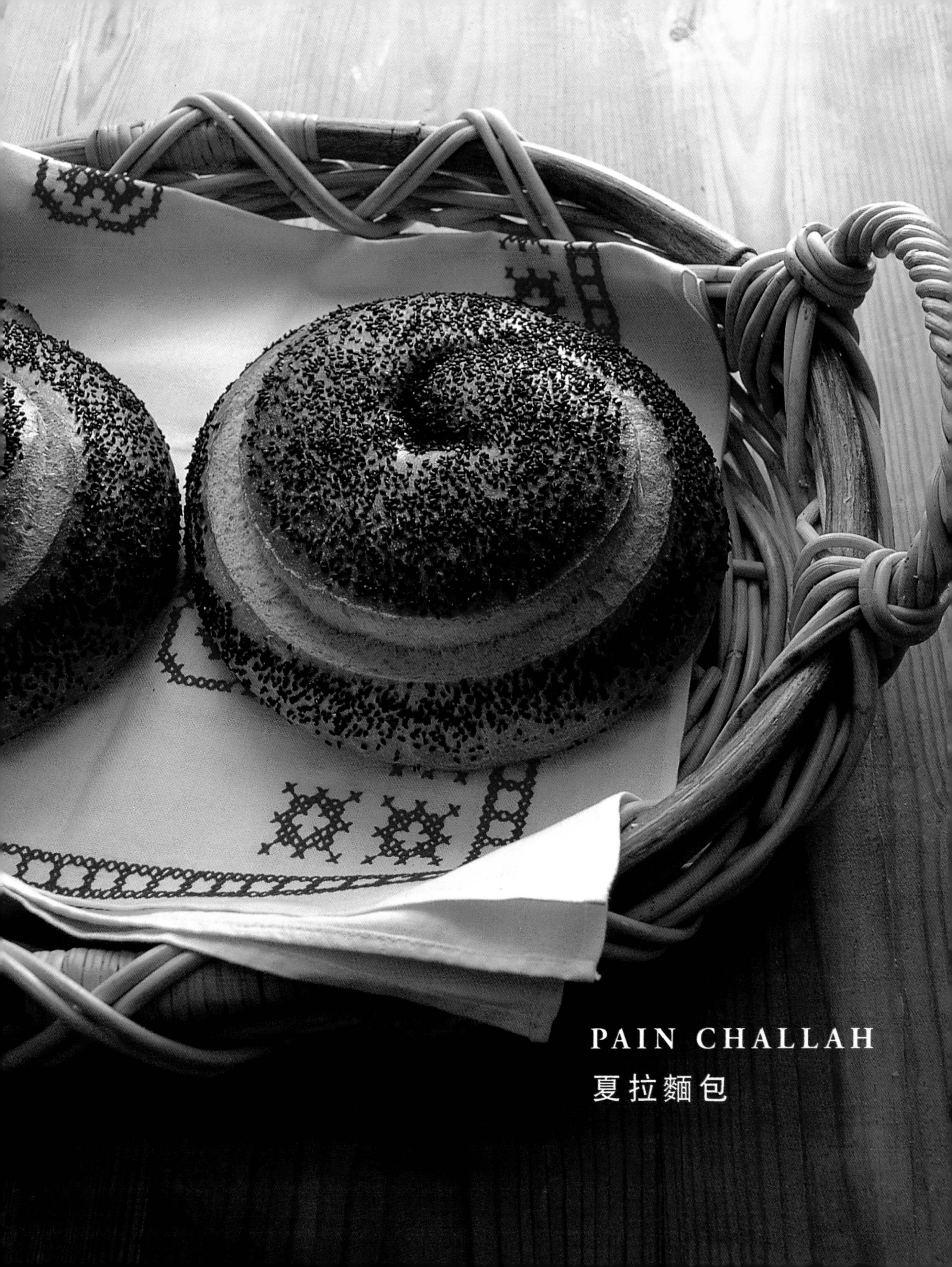

PAIN CHALLAH
夏拉麵包

CIABATTA
西亞巴達

義大利麵包的一種，因為其非常獨特的橄欖油香味，而且做法簡單，深受法國南部居民的喜愛。

Les ingrédients pour
1 *pain de* 640 *g*
可做1個640*g* 的西亞巴達

法國麵粉 Type 55　230 g
全麥粉　20g
鮮酵母　10g
鹽　5g
水　130 cc
牛奶　30 cc
發酵麵糰→見 *p11*　200 g
橄欖油　1又1/2大匙

préparation :
■準備工作：
做法和鄉村麵包一樣，水和牛奶一起加入攪拌7~8分，再加入橄欖油攪拌2~3分，發酵2小時。→見*p14*做法**1~15**。

1 工作台上撒一點麵粉。

4 烤盤上撒多一點的粉。

2 用刮板將麵糰取出放在工作台上、在麵糰表面撒點粉。

5 將麵糰放進烤盤中。

3 用手掌壓扁麵糰將空氣擠出。

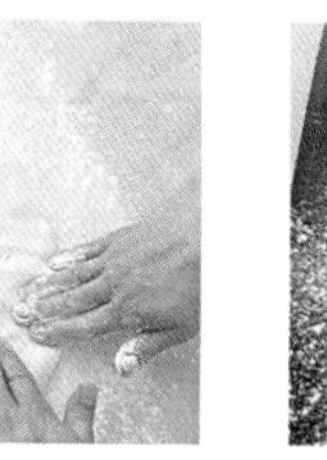

6 麵糰表面再撒一點粉，蓋上布發酵45分鐘。

7 麵糰發酵至原來的2倍大即可，烤箱預熱230℃並放入一碗水→見 *p15*做法**33**，烤約30分鐘左右。

PAIN CHALLAH
夏拉麵包

具有中東地區宗教色彩的麵包，但熱量較高，適合在消耗大量體力過後食用。

Les ingrédients pour
1 *pain de* 440 *g*
可做1個440*g* 的夏拉麵包

法國麵粉 Type 55　200 g
全麥粉　50g
鮮酵母　10g
鹽　4g
水　90cc
全蛋　1個
蜂蜜　5g
奶油　35g

裝飾：
蛋液　適量
黑芝麻　適量

préparation :
■準備工作：
做法和鄉村麵包一樣，水、蛋和蜂蜜一起加入攪拌8分鐘後再加入奶油攪拌3分鐘，發酵30分鐘左右。→見*p14*做法**1~15**。

1 工作台撒點粉並用刮板取出麵糰，用手掌壓平麵糰擠出空氣，並由外向內折後滾圓。

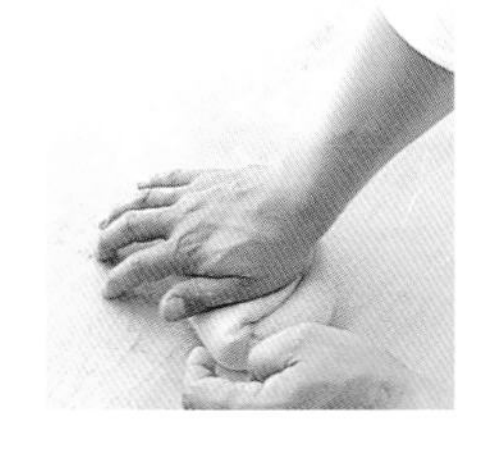

2 雙手握住麵糰滾成圓球狀。

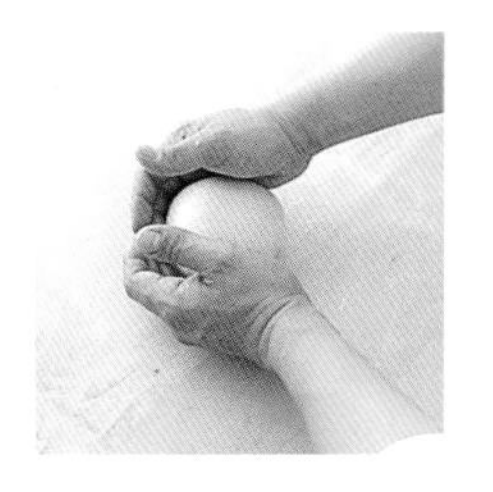

3 蓋上布靜置15~20分後，麵糰的收口朝上並用手掌將麵糰壓平擠出空氣，再將上下約1/3的麵糰對折後壓扁擠出空氣。

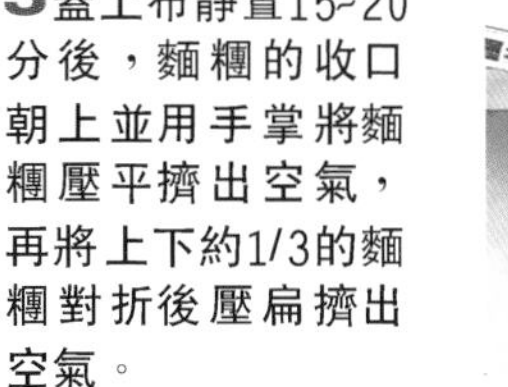

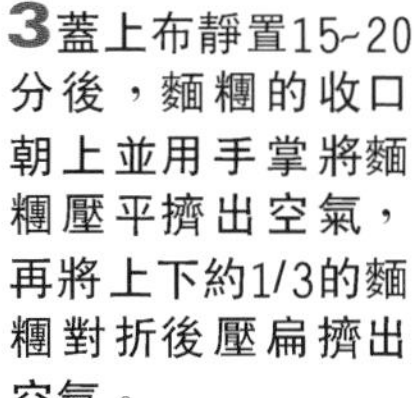

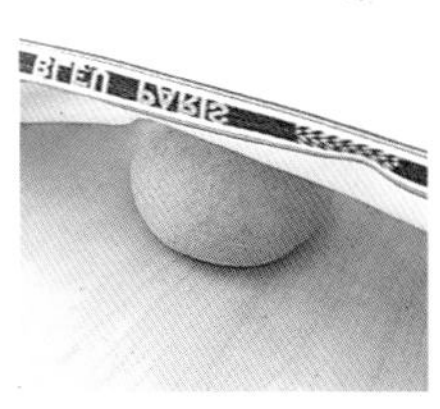

4 再對折一半後，將收口朝上由中央向外搓揉麵糰。

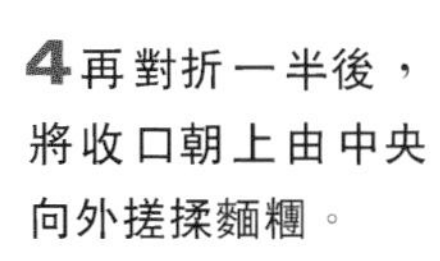

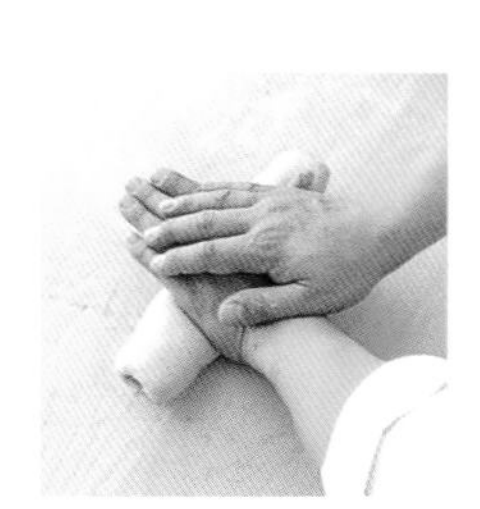

5 將麵糰搓揉成長條狀。

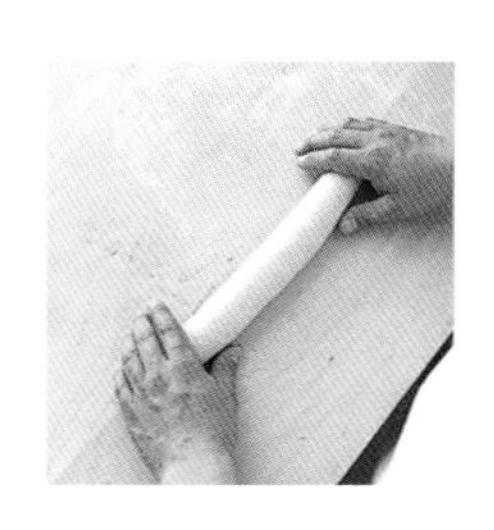

6 慢慢由中央向外將麵糰揉成60cm長條狀。

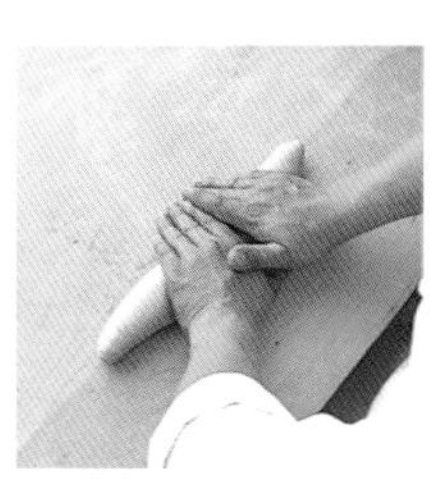

7 滾成一邊粗、一邊細的麵糰。

8 從麵糰較粗的一端開始捲、捲成漩渦狀。

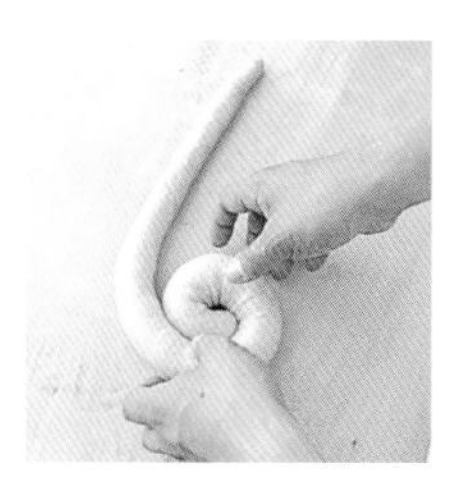

9 烤盤抹油後放入麵糰、麵糰尾部不要黏在一起。

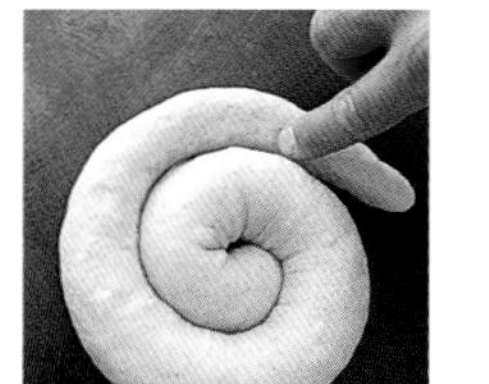

10 麵糰表面刷上蛋液並撒上黑芝麻。

11 小心蓋上布巾發酵1小時15分鐘。

12 待麵糰發酵至原來2倍大即可，烤箱預熱210℃並放入一碗水→見*p15*做法**33**，烤約25分鐘左右。

PAIN ÀLA POMME DE TERRE
馬鈴薯麵包

馬鈴薯麵包傳到法國的時間並不長，在西班牙卻早在60年前便非常地普遍。

Les ingrédients pour
2 pains de 310 *g*
可做2個310g 的馬鈴薯麵包

水煮馬鈴薯　200g

法國麵粉 Type 55　190g
全麥粉　10g
鮮酵母　12g
鹽　4g
糖粉　60g
牛奶　70cc
全蛋　1個
奶油　25g

裝飾：
法國白乳酪　適量
（可用原味優格替代）

préparation :

■準備工作：
麵糰和鄉村麵包的做法相同，但法國麵包粉、全麥粉要在步驟1與馬鈴薯及糖粉一起攪拌，牛奶和蛋則代替水加入攪拌6分鐘，最後再加入奶油攪拌4分鐘左右，發酵1小時15分。→見 *p14* 做法 **1～15**。

commentaires :

■因為屬於甜的麵糰，所以表面要塗上一層法國白乳酪，這種乳酪沒有優格那麼酸，但是口味較重。

1 馬鈴薯去皮用水煮軟，趁熱使用叉子攪碎，待冷卻後再和準備工作中的粉類一起攪拌。

2 工作台上撒手粉，用刮板取出麵糰分成2個310g大小的麵糰。

3 將麵糰外側向內邊折邊揉。

4 用手掌壓平麵糰擠出空氣，直到表面呈光滑狀後再滾成圓球狀。

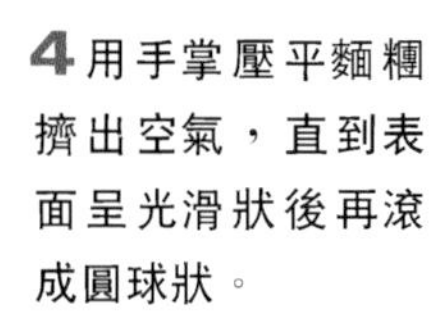

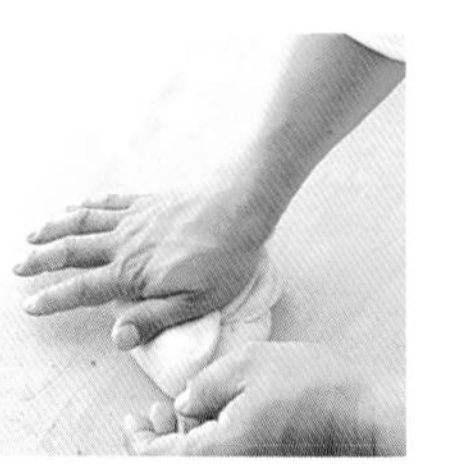

5 麵糰蓋上布巾靜置15分鐘。

6 收口朝上將空氣擠出再重複**3**的步驟。

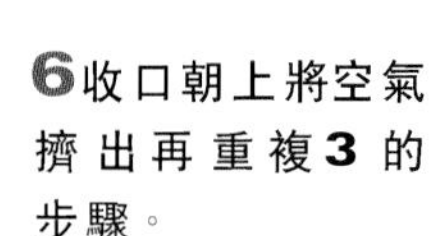

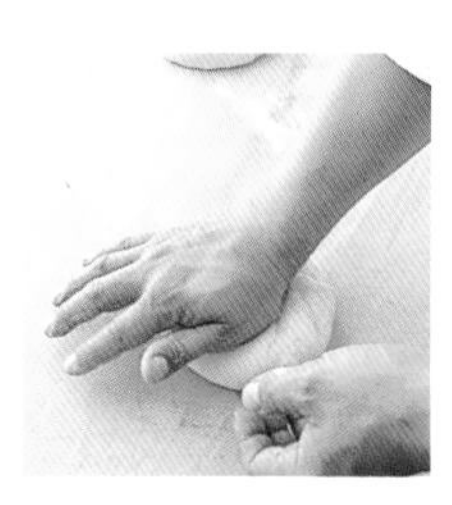

7 雙手握住麵糰滾成圓球狀。

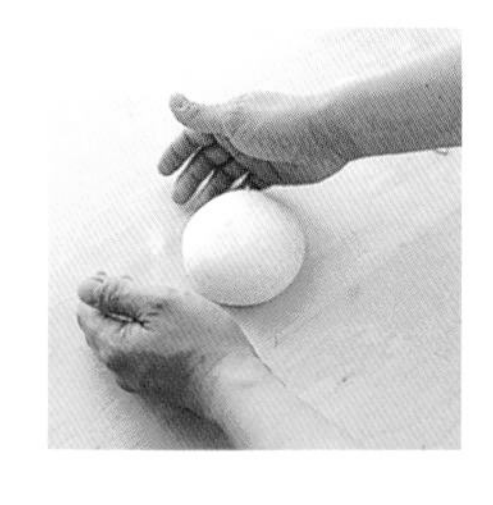

8 烤盤上抹奶油後放入麵糰，用擀麵棍輕輕壓平麵糰。

9 利用刀片沿著麵糰的周圍劃一圈。

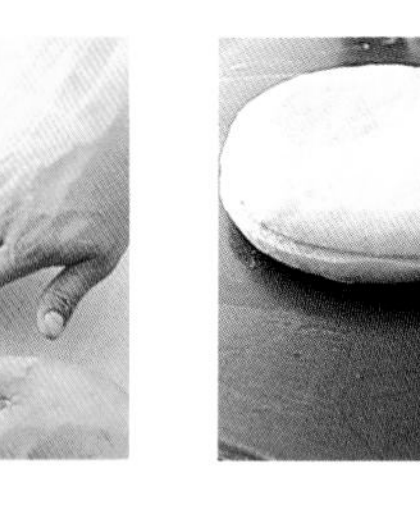

10 表面塗上法國白乳酪（或者是原味優格）。

11 輕輕蓋上布巾（儘量不要碰到麵糰）發酵1小時15分~1小時30分。

12 麵糰發酵至原來的2倍大即可，烤箱預熱210℃並放入一碗水→見 *p15* 做法**33**，烤約25分鐘左右。

PAIN AU MAÏS
玉米麵包

PAIN AU GLUTEN
高蛋白麵包

PAIN AU MAÏS
玉米麵包

玉米麵包是用法國北部少量生產的軟質小麥製作而成，可以搭配熱量較高的食物一起食用，或是烤過當早餐吃也很適合。

Les ingrédients pour
3 *pains de* 280 *g*
可做3個280g 的麵包

法國麵粉 Type 55　350 g
玉米粉　150 g
鮮酵母　12g
鹽　11g
水　300 g
奶油　30g

裝飾：
蛋液　適量
白芝麻　適量

préparation ：
■準備工作：
麵糰和鄉村麵包的做法相同，粉類搓揉成糰後加入奶油甩打約10分鐘，發酵45分鐘。→見 *p14* 做法**1~15**。

1 工作台撒點麵粉，用刮板將麵糰取出並分成3個280g的麵糰，再分別將麵糰壓平擠出空氣並滾圓。

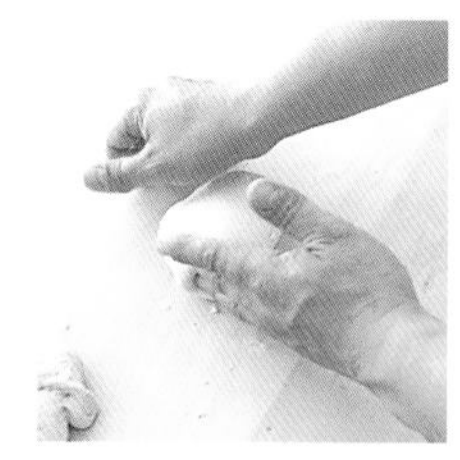

2 雙手將麵糰輕輕滾圓。

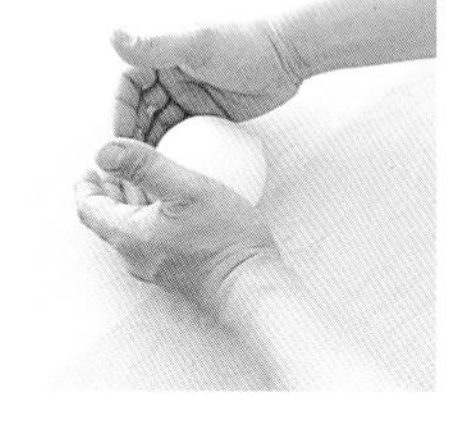

3 麵糰蓋上布巾靜置15分鐘。

4 麵糰收口朝上再用手壓平麵糰擠出空氣，將上方1/3麵糰往下對折後用手指壓緊密合處，下方1/3麵糰亦用相同方式將空氣擠出。

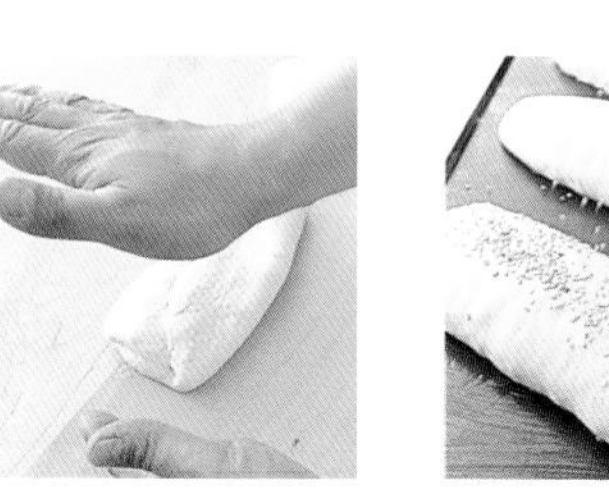

5 對折收口處壓緊後朝下，用雙手由中央向外搓揉麵糰。

6 輕輕壓住麵糰左右搓揉。

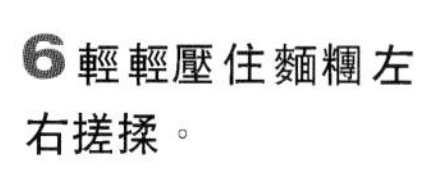

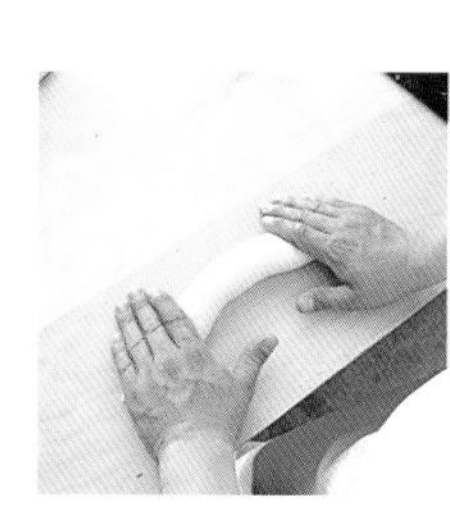

7 搓成兩端細長約25cm的長條狀。

8 麵糰收口朝下放入塗上奶油的烤盤。

9 麵糰表面塗上蛋液並蓋上布巾發酵1小時15分（布儘量不要碰到麵糰）。

10 麵糰發酵至原來的2倍大即可塗上蛋液、撒上白芝麻。

11 剪刀沾上蛋液剪成交叉形狀，預熱烤箱220℃→見 *p14* 做法**1~15**，烤30分鐘。

PAIN AU GLUTEN
高蛋白麵包

10年前 Île de France 省這個地方的人所發明的麵包，法國人給予很高的評價。

Les ingrédients pour
3 *pains de* 300 *g*
可做3個300*g* 的麵包

matériel：
18×7cm長型模（3個）

法國麵粉 Type 55　400 g
特級高筋麵粉　100 g
鮮酵母　15g
鹽　10g
水　380 cc

préparation：
■準備工作：
麵糰和鄉村麵包的做法相同，發酵45分。→見*p14* 做法**1～15**。

commentaires：
■麵包中若含有小麥的蛋白質粉末（特級高筋麵粉）會讓麵包更有彈性，若將蛋白質粉末加入彈性較差的黑麥或全麥麵包，會使麵包膨脹變大。

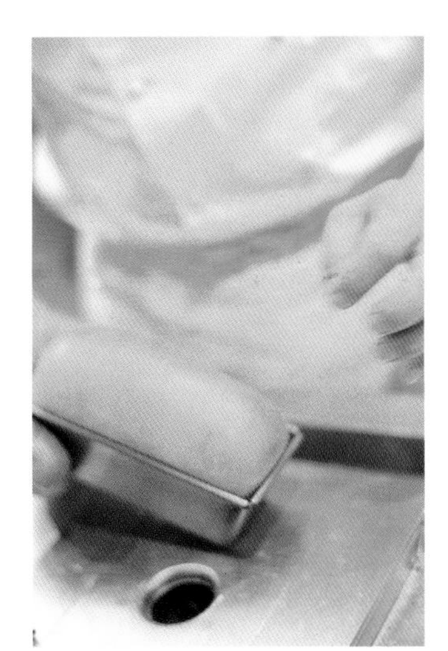

1 工作台上撒點粉，用刮板將麵糰取出並分成3個300g大小的麵糰，用手掌將麵糰空氣擠出，外側向內折入雙手輕輕搓揉成圓球狀。

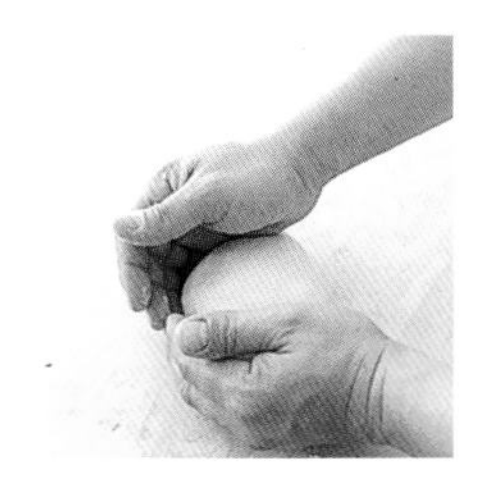

2 雙手重疊輕輕滾動。

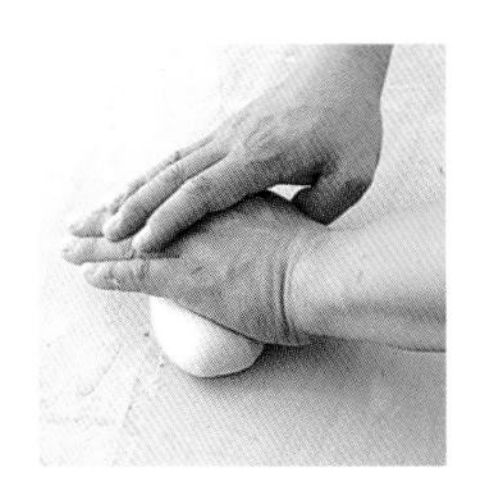

3 將麵糰揉成如圖的形狀。

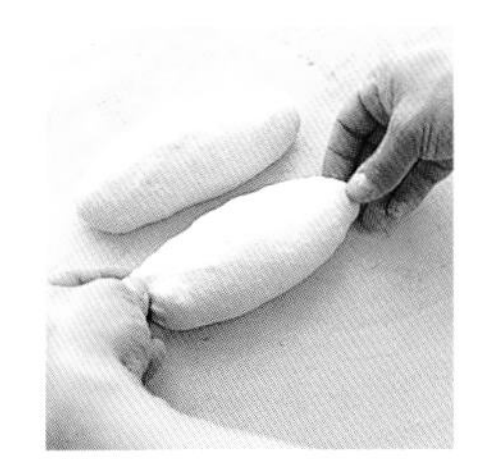

4 麵糰蓋上布巾靜置15分鐘。

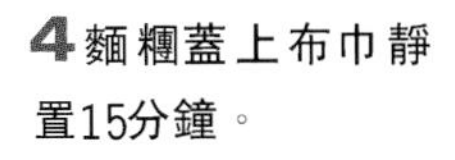

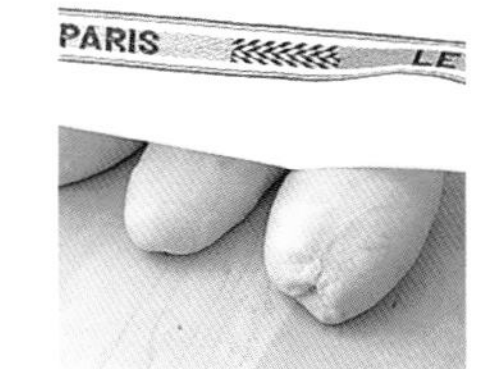

5 麵糰收口朝上並將空氣擠出，麵糰上下約1/3對折後分別壓平擠出空氣。

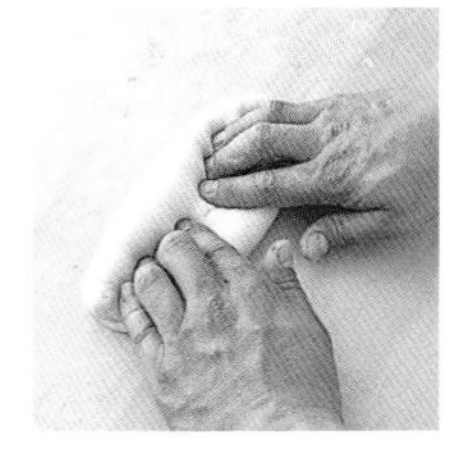

6 再對折後將收口壓緊。

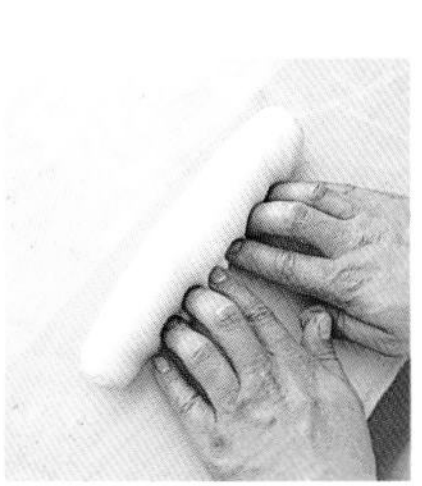

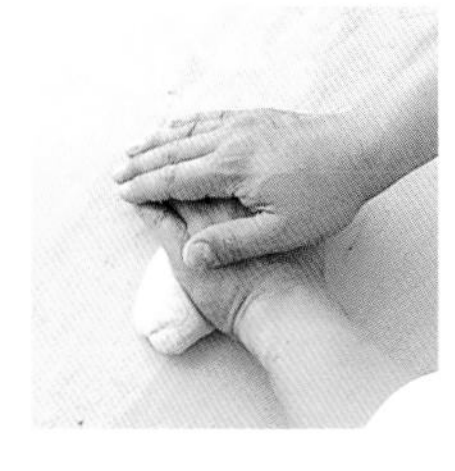

7 收口朝下並用手搓揉麵糰。

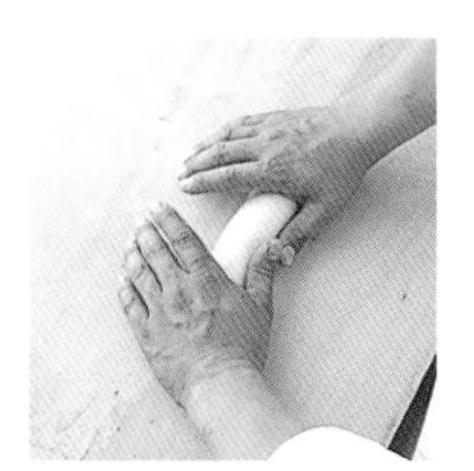

8 雙手輕壓並前後搓揉成長條形。

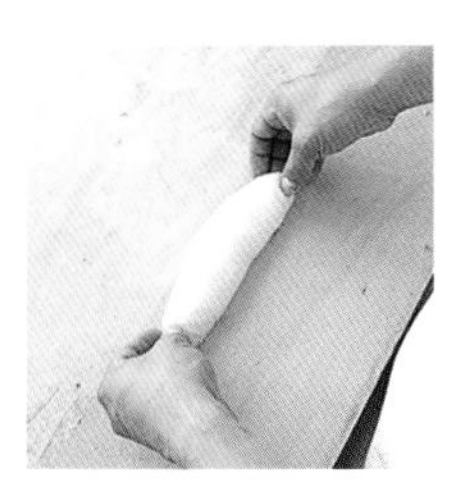

9 搓成兩端較細、長度約25cm的長條狀後，收口朝下兩端向內對折再揉成18cm的長條狀。

10 麵糰收口朝下放入抹奶油的模型中輕壓。

11 麵糰約為模型的1/2大小，為防止表面乾燥，麵糰蓋上布巾發酵1小時15分～1小時30分。

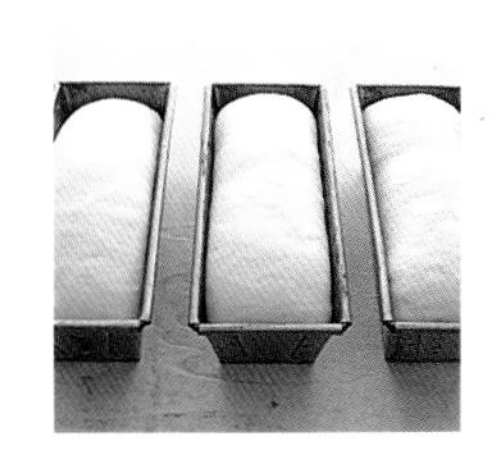

12 麵糰發酵至原來的2倍大即可，烤箱預熱220℃並放入一碗水→見*p15* 做法**33**，烤約30分鐘。

FOUGASSE AIXOISE
埃索瓦司香料麵包

這是以橄欖或埃索瓦司香料製成的麵包，在法國東南部已流傳了一個世紀。

Les ingrédients pour
3 *pains de* 270*g*
可做3個270*g* 的麵包

法國麵粉 Type 55　350 g
全麥粉　50g
鮮酵母　8g
鹽　10g
水　200g
橄欖油　1又1/2大匙
發酵麵糰→見 *p11*　200 g

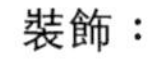
裝飾：
橄欖油　適量
埃索瓦司香料　適量

préparation :
■準備工作：
麵糰和鄉村麵包的做法相同，橄欖油和水同時加入攪拌，發酵1小時30分。→見*p14*做法**1~15**。

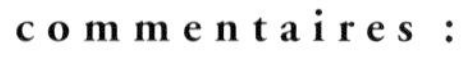
commentaires :
■混合乾燥的香料、百里香、月桂、羅勒（九層塔）、風輪菜等即為埃索瓦司綜合香料。
■也可加入橄欖。

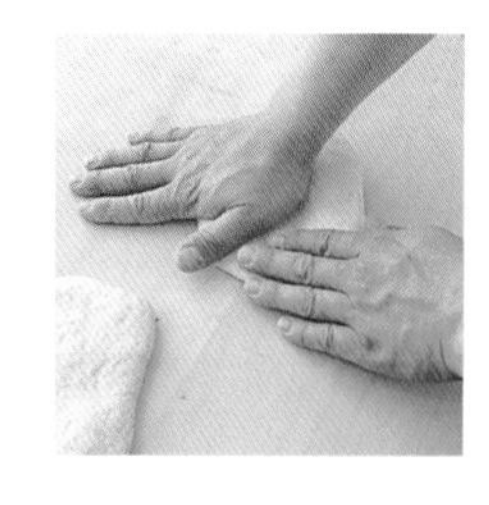

1 工作台上撒點麵粉用刮板將麵糰取出，分成3個270g的麵糰並做成長方形，蓋上布巾靜置20分鐘後用手掌將空氣擠出。

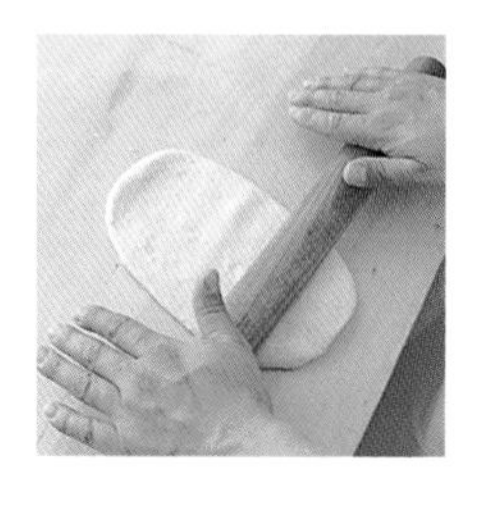

2 用擀麵棍擀成長方形。

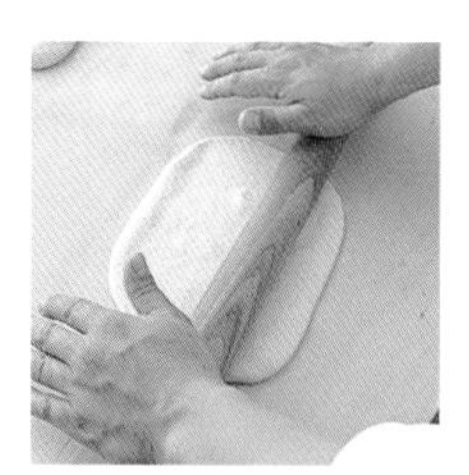

3 90度轉向並擀成28×16cm大小的長方形。

4 烤盤抹奶油後放入麵糰用切麵刀割3條痕。

5 將麵皮左右拉開並預留空間發酵，若拉的空間不夠大割痕會很不清楚。

6 麵糰表面塗上橄欖油。

7 撒上綜合香料（或是橄欖片），為了防止乾燥請蓋上布，發酵1小時15分。

8 麵糰發酵至原來的2倍大即可，烤箱預熱230℃並放入一碗水→見*p15*做法**33**，烤約25分鐘左右。

Le Cordon

BOULE MARGUERITE
瑪格麗特麵包

這種麵包的形狀像瑪格麗特花，易保存、味道好，在法國北部的評價很高，在荷蘭、德國也很流行。

Les ingrédients pour
1 *pain de* 480 *g*
可做1個480*g* 的麵包

法國麵粉 Type 55　250 g
特級高筋麵粉　30g
鮮酵母　8g
鹽　5g
水　190g
奶油　10g

裝飾：
黑芝麻　適量

préparation :
■準備工作：
做法和鄉村麵包的做法相同，加入奶油攪拌後發酵1小時。→見*p14*做法**1~15**。

1 工作台上撒點麵粉並用刮板將麵糰取出，壓平麵糰並擠出空氣，再將外側的麵糰向內折擠出空氣。

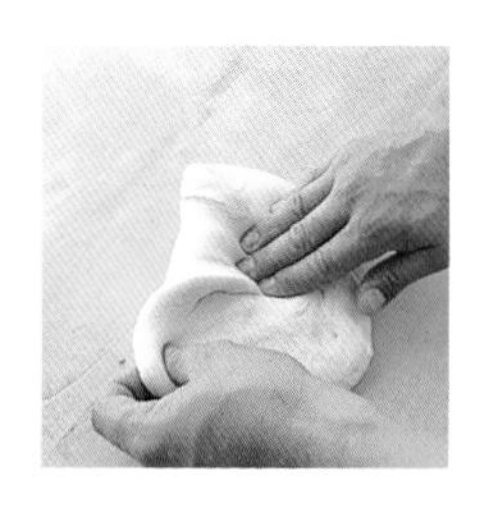

2 切下30g小麵糰備用，將大麵糰對折成圓形，表面呈光滑狀後再用手滾成圓球狀。

3 小的麵糰做法同**2**，向內折後搓揉再滾圓。

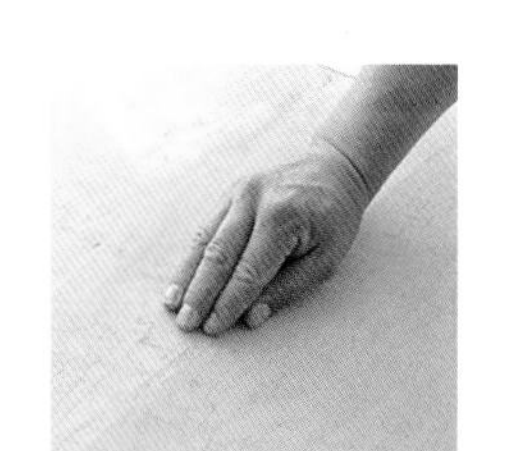

4 將麵糰蓋上布巾靜置15分鐘。

5 將大麵糰壓平擠出空氣再輕輕滾圓。

6 表面撒上麵粉後用細擀麵棍壓成花的形狀如圖（分8等份）。

7 烤盤抹奶油，放上麵糰並刷掉表面多餘的粉。

8 將小麵糰壓平擠出空氣再滾圓，表面塗一層水後再沾上黑芝麻。

9 把小麵糰放在大麵糰中央。

10 用手掌輕壓小麵糰使大、小麵糰相黏。

11 為了防止乾燥，蓋上布巾發酵1小時15分~1小時30分。

12 麵糰發酵至原來的2倍大即可，烤箱預熱210℃並放入一碗水→見 *p15* 做法**33**，烤約30分鐘左右。

RIS

PETITS PAINS AU LAIT
牛奶餐包

PETITS PAINS AU LAIT
牛奶餐包

造型可愛而且奶味香濃，早餐時再搭配一杯咖啡為絶佳組合，烤後可夾魚子醬搭配食用。

Les ingrédients pour
12*pains de* 50*g*
可做12個50g 的麵包

法國麵粉 Type 55　340g
鮮酵母　15g
鹽　8g
砂糖　10g
牛奶　200 cc
奶油　30g

裝飾：
蛋液　適量
珍珠砂糖　適量
（粗粒砂糖）

commentaires：
■牛奶餐包的做法是維也納式麵包中最基本、簡單的(p64~89)，若想學做麵包，可從牛奶餐包做起。

1 盆中放入法國麵粉，中央做個凹洞。

2 砂糖、鹽及酵母分開放入凹洞內。

3 加入牛奶。

4 用手指攪拌至酵母溶解後再從內側開始攪拌其它粉料。

5 用手搓揉麵糰。

6 奶油在室溫下變軟後加入麵糰中混合。

7 均勻混合成麵糰後再將黏在盆底的麵糰屑黏起來。

8 工作台上撒點粉並用刮板將盆內的麵糰取出。

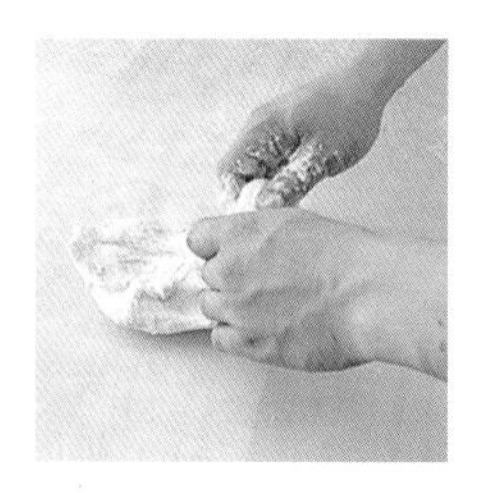

9 用力甩打麵糰。

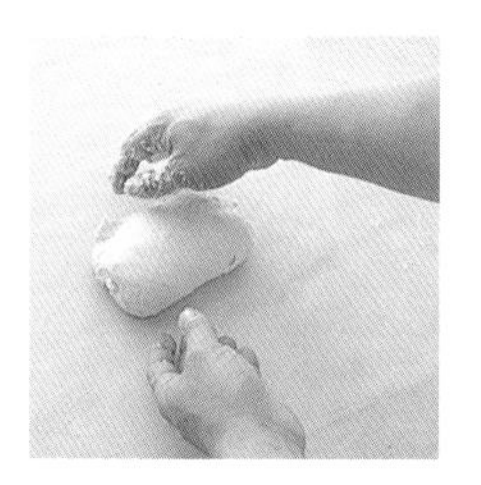

10 甩打過程中順手將麵糰對折把空氣包住。

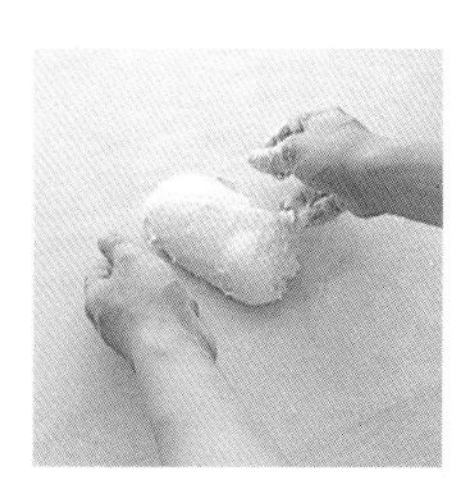

11 90度轉向並重覆**9**、**10**動作約2~3分鐘。

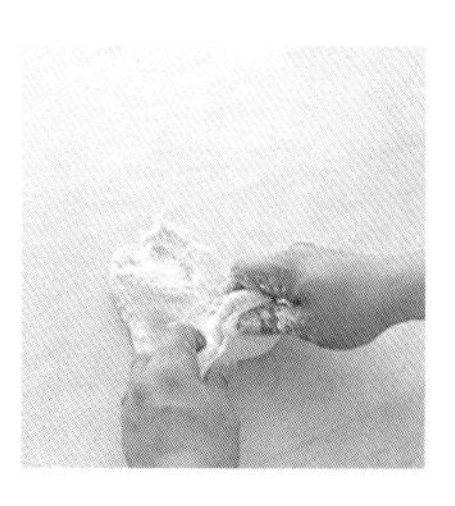

12 重覆**9**、**10**動作後將麵糰往下拉至出筋。

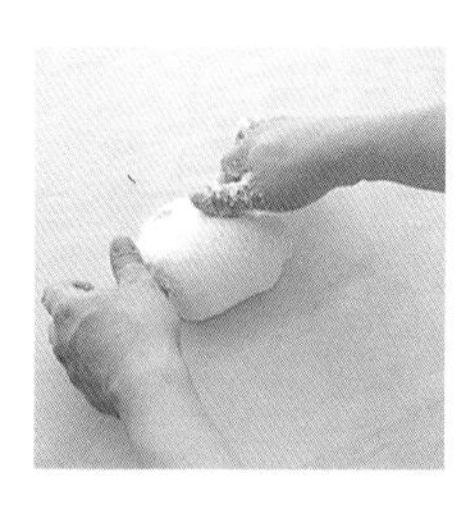

13 待表面較光滑且有彈性後再繼續甩打10分鐘左右。

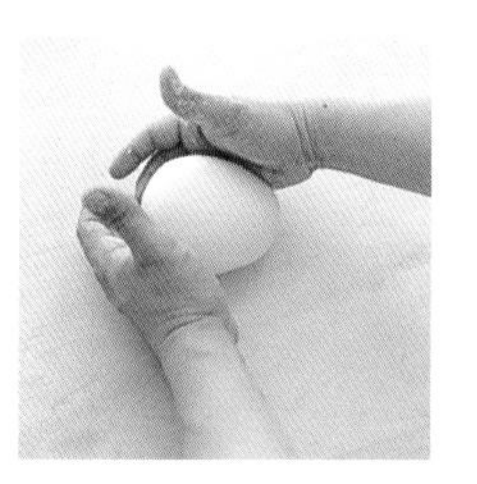

14 表面光滑後即可用手將麵糰滾圓。

15 將麵糰放進盆內、蓋上保鮮膜發酵45分鐘，若沒蓋保鮮膜會使麵糰表面乾燥。

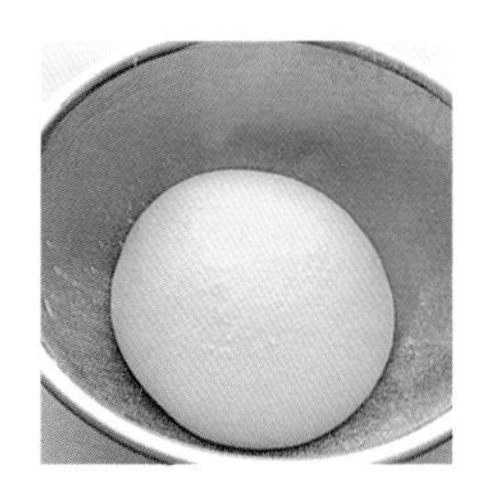

16 麵糰發酵至原來的2~3倍大的狀態即完成發酵的動作。

17 工作台上撒點粉並用切麵刀將麵糰取出、分割成每個50g的小麵糰。

18 約可分成12個50g的小麵糰。

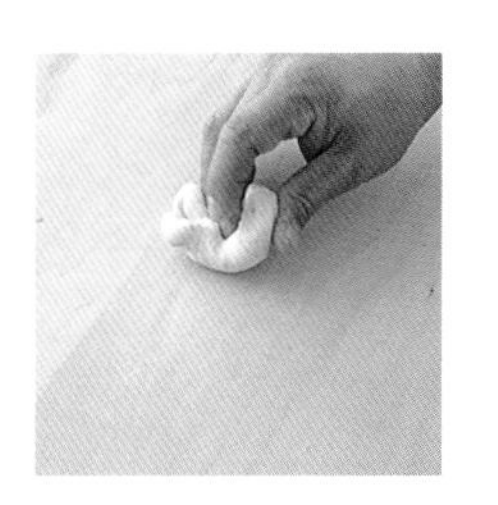

19 用手將分割後的小麵糰擠出空氣，對折後再滾圓麵糰。

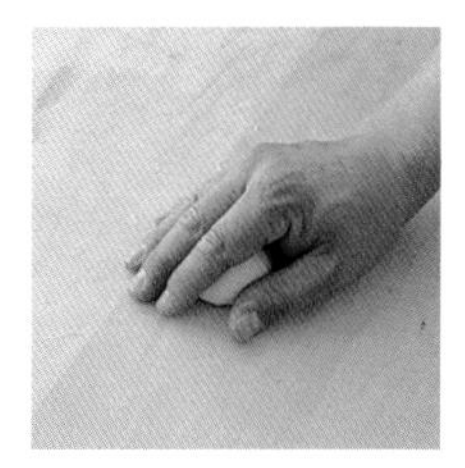

20 手掌朝下包住整個麵糰滾圓至結實的狀態。

21 如**20**將所有麵糰滾圓至結實且表面呈光滑狀，並將所有完成的麵糰排列在工作台上。

22 蓋上乾淨的布巾靜置約15分鐘，靜置後的麵糰較鬆弛、容易整型。

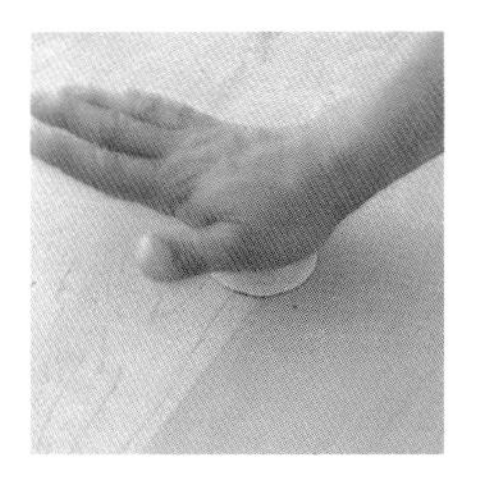

23 用手掌將麵糰空氣擠出、對折後稍微滾圓。

24 再將麵糰壓平擠出空氣、麵糰一邊內折1/3後用手掌壓緊。

25 另一邊也內折並將收口壓緊。

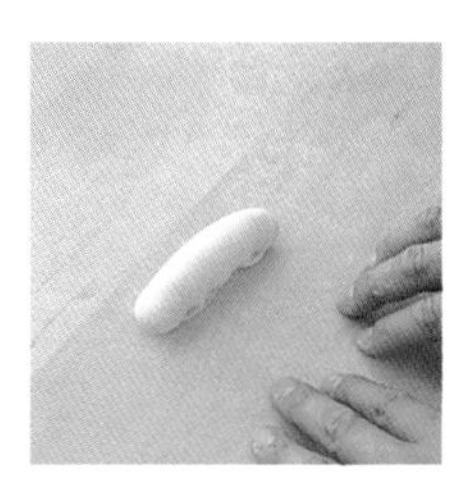

26 再將麵糰對折1次壓緊，收口朝下將麵糰揉成棒狀。

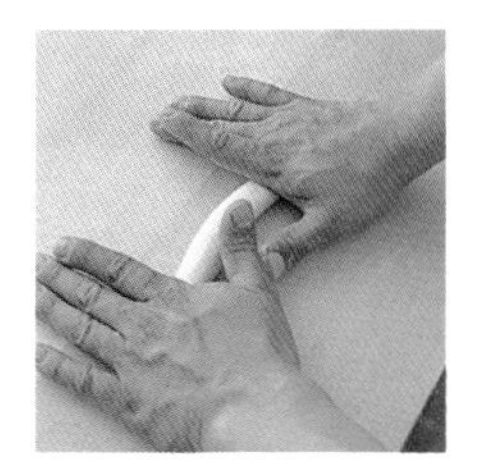

27 雙手放置在麵糰中央、輕壓搓揉整型成兩端為細尖型的麵糰。

28 烤盤上抹奶油後放入麵糰，每個麵糰之間要留空隙，麵糰表面塗上蛋液。

29 麵糰蓋上布（布不要碰到麵糰）放入發酵箱發酵1小時15分~1小時30分，避免表面乾燥。

30 再次塗上蛋液。

31 剪刀口先沾上蛋液、從表面中央剪起。

32 為了防止乾燥，蓋上布發酵10~15分（發酵後整型容易讓麵糰下塌）。

33 發酵15分鐘後麵糰會膨脹至剛好的狀態。

34 表面均勻撒上珍珠砂糖後放入烤箱，烤箱預熱220℃，烤約15~17分鐘。

35 麵包烤好後放在網架上待涼，否則麵包底部會因水氣而變軟。

BAGUETTE VIENNOISE
維也納麵包

CRAMIQUE
喀哈密克

BAGUETTE VIENNOISE
維也納麵包

源於奧地利的維也納麵包，這是製作維也納式麵包最基本的一種。

Les ingrédients pour
3 baguettes de 300*g*
可做3個300g 的維也納麵包

法國麵粉 Type 55　250 g
高筋麵粉　250 g
鮮酵母　25g
鹽　10g
砂糖　20g
牛奶　70cc
水　200cc
全蛋　1個
奶油　50g

裝飾：
蛋液　適量

préparation :
■準備工作：
做法和牛奶餐包一樣，牛奶和水、蛋一同加入，發酵30分鐘。→見p62、63做法**1~16**。

1 工作台上撒點粉，利用刮板將麵糰取出，並分成每個約300g共3等份，用手掌壓扁後從外側向中心對折並擠出空氣。

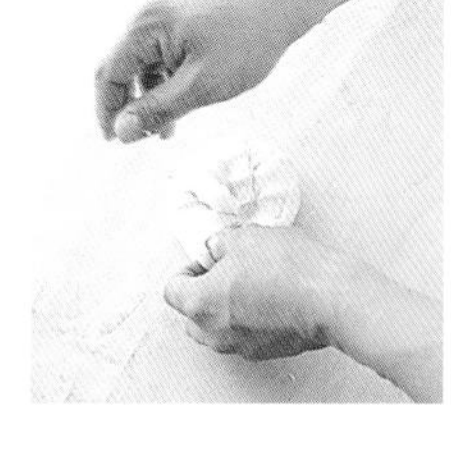

2 雙手輕輕將麵糰滾圓。

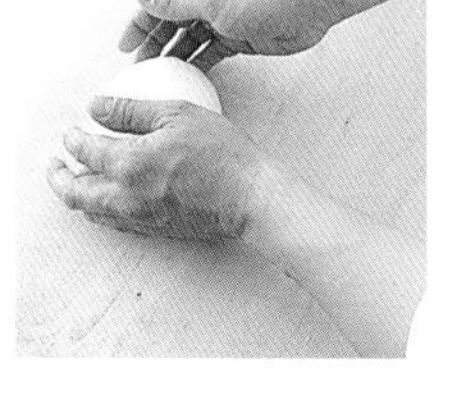

3 麵糰蓋上布巾靜置15分鐘。

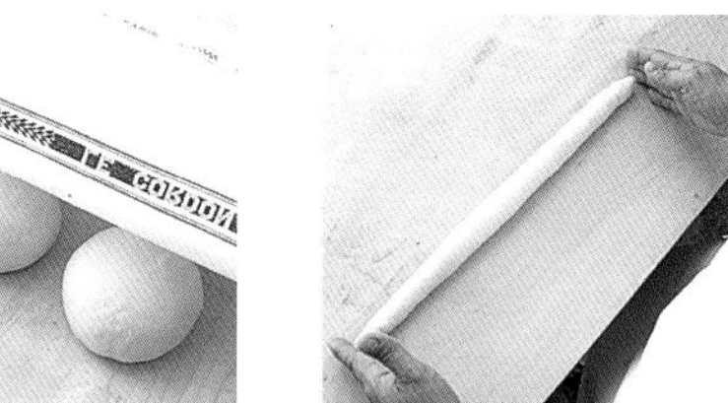

4 收口朝上將空氣擠出，上方1/3麵糰向下折再把空氣擠出，再將下面1/3部分的麵糰向上折擠出空氣。

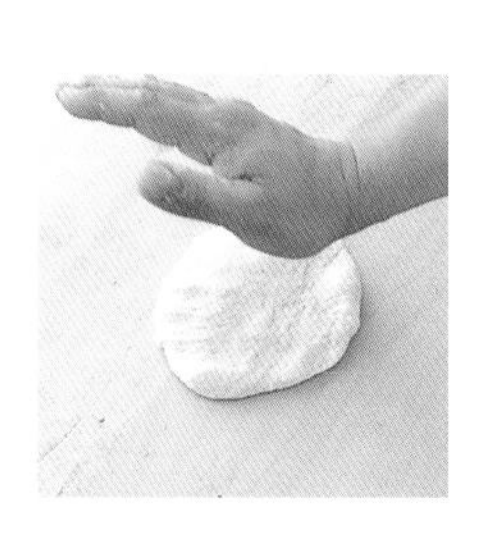

5 再對折並將收口壓緊。

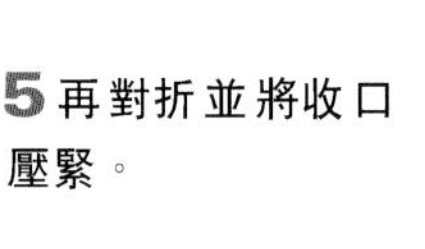

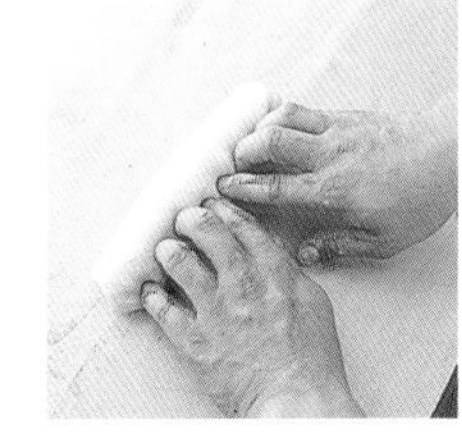

6 收口朝下並將雙手放在麵糰中央輕輕搓揉麵糰。

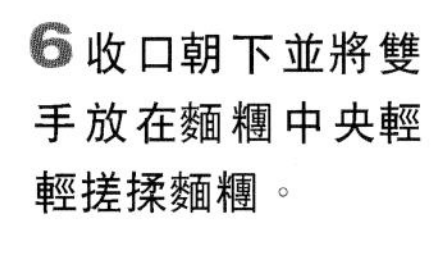

7 雙手向兩邊移動搓揉麵糰、將麵糰搓長呈細尖型。

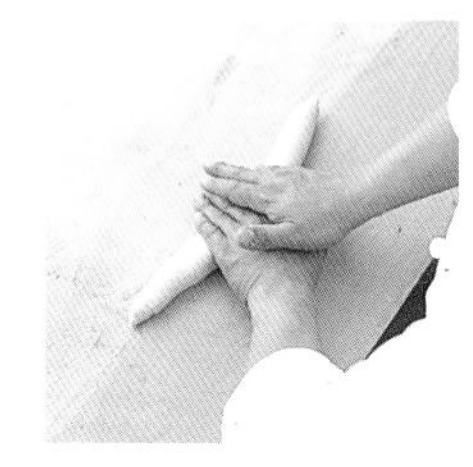

8 如果長度不夠再重複**7**的動作
＊如果麵糰筋力太強先靜置鬆弛一下再搓揉開。

9 滾動成長度45cm的棒子型。
＊為了避免形狀變形，在麵糰收口的時候要特別注意收緊一點，否則一旦變形就不好看了。

10 烤盤上塗一層奶油後放入麵糰，表面塗上蛋液。

11 用刀片在麵糰表面斜切、斜紋的間隔不要太大；為了防止乾燥請蓋上布發酵1小時15分~1小時30分。

12 待麵糰發酵至原來的2倍大即可，烤箱預熱210℃烤約20分鐘。

CRAMIQUE
喀哈密克

皮力歐許麵包的兄弟，比利時和法國北部很常食用，法國當地人民常加入葡萄乾。

Les ingrédients pour
1 *pain de* 450 *g*
可做1個450*g* 的麵包

matériel：
19×10cm吐司模

法國麵粉 Type 55　200 g
鮮酵母　8g
鹽　4g
砂糖　18g
水　70cc
全蛋　1個
奶油　50g

柳橙皮（切丁）　15g
葡萄乾　35g

裝飾：
蛋液　適量

préparation：
■準備工作：
做法和牛奶餐包一樣，加入水和蛋代替牛奶，再加入葡萄乾和柳橙皮攪拌均勻，發酵40分鐘。→見*p*62、63做法**1~16**。

commentaires：
■也可用巧克力代替柳橙皮和葡萄乾。

1 工作台上撒點粉，利用刮板將麵糰取出，用手掌壓扁後從外側向中心折並擠出空氣。

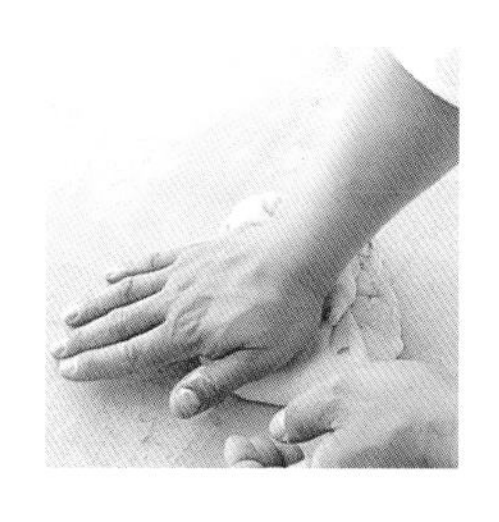

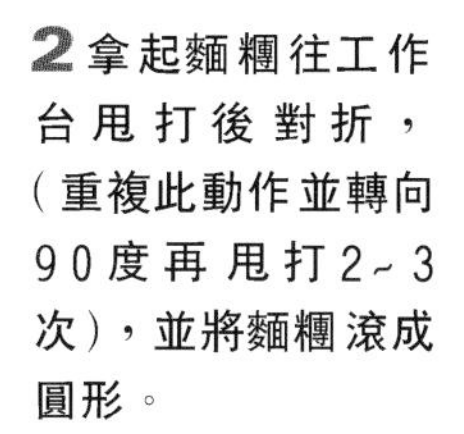

2 拿起麵糰往工作台甩打後對折，（重複此動作並轉向90度再甩打2~3次），並將麵糰滾成圓形。

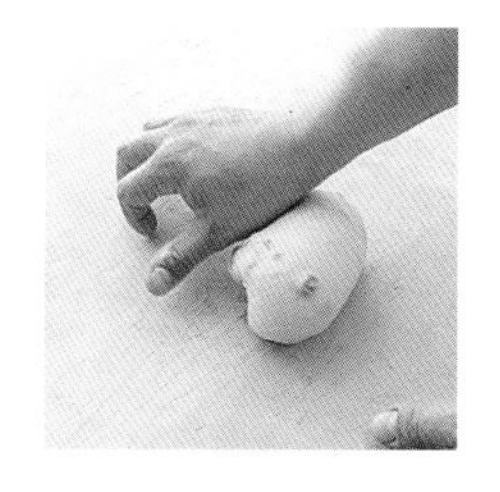

3 蓋上布巾鬆弛15分鐘後，收口朝上用手掌把空氣擠出。

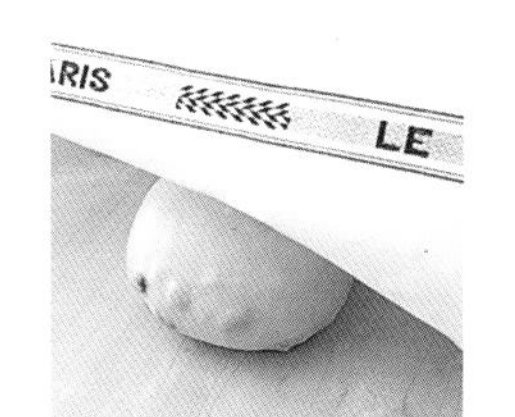

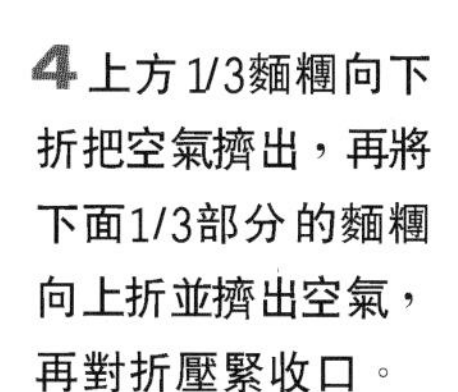

4 上方1/3麵糰向下折把空氣擠出，再將下面1/3部分的麵糰向上折並擠出空氣，再對折壓緊收口。

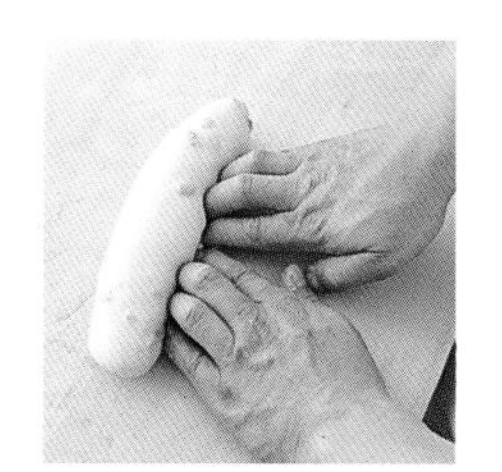

5 收口朝下雙手從麵糰中央向左右搓揉成細尖型。

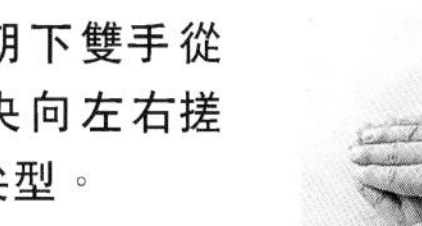

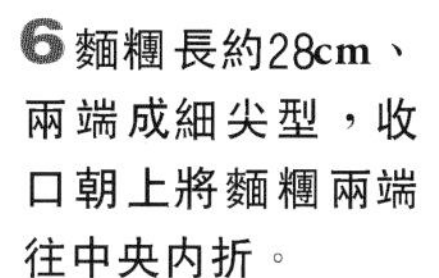

6 麵糰長約28cm、兩端成細尖型，收口朝上將麵糰兩端往中央內折。

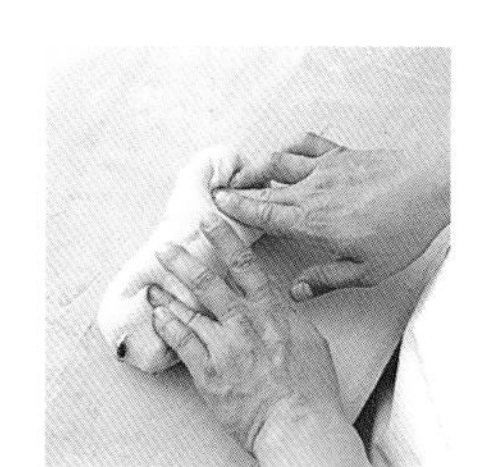

7 對折處請壓緊。

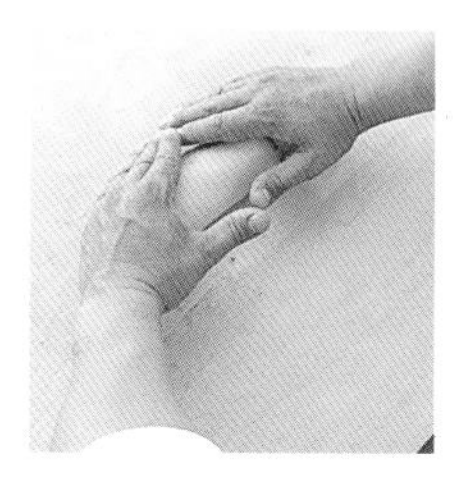

8 收口朝下並將麵糰搓揉成19cm較胖的棒狀。

9 模型塗上奶油後放入麵糰，並輕壓麵糰，發酵1小時~1小時30分鐘。

10 發酵至原來的2倍大即可、表面塗上蛋液。

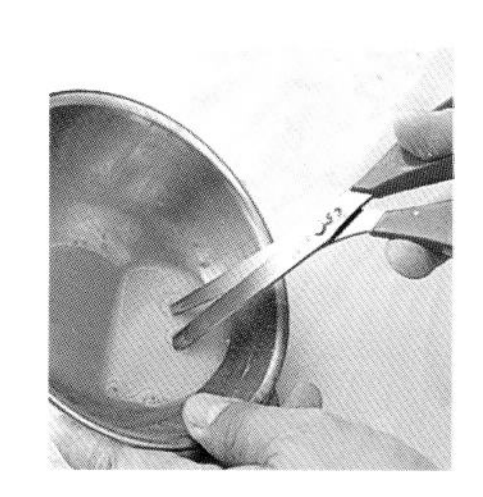

11 為了避免麵糰黏住剪刀，先在剪刀口沾上少許的蛋液。

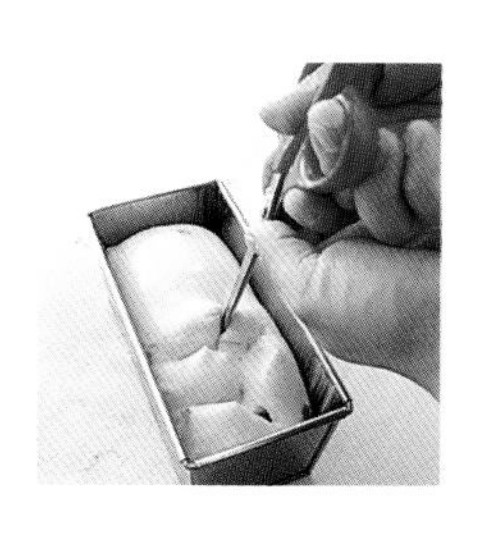

12 以交叉的方式在表面剪數刀，烤箱預熱210℃烤約30分鐘。

TRESSE SUISSE
瑞士風辮子麵包

這類型的麵包源於瑞士的 *Romande*（瑞士境内的法文區），早餐時直接食用、或是烤過再塗奶油吃也不錯。

Les ingrédients pour
2 tresses de 460 *g*
可做2個460 *g*的麵包

法國麵粉 Type 55　250 g
高筋麵粉　250 g
鮮酵母　30g
鹽　10g
砂糖　12g
牛奶　70 cc
水　200 cc
全蛋　1個
奶油　80g
橙花蒸餾水→見 *p*99　適量

裝飾：
蛋液　適量

préparation :
■準備工作：
做法和牛奶餐包一樣，牛奶、水、蛋和橙花蒸餾水一同加入，發酵35分鐘。→見 *p*62、63 做法 **1~16**。

1 工作台上撒點粉，用刮板將麵糰取出，分成4個230g的麵糰，並用手掌壓扁麵糰擠出空氣、滾成橢圓形。

2 蓋上布巾鬆弛15分鐘，再用手掌把空氣擠出。

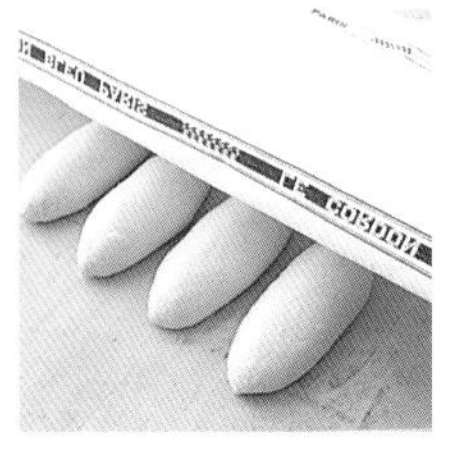

3 上方1/3麵糰向下折將空氣擠出，下面1/3部分的麵糰向上折擠出空氣，再將麵糰對折，壓緊收口。

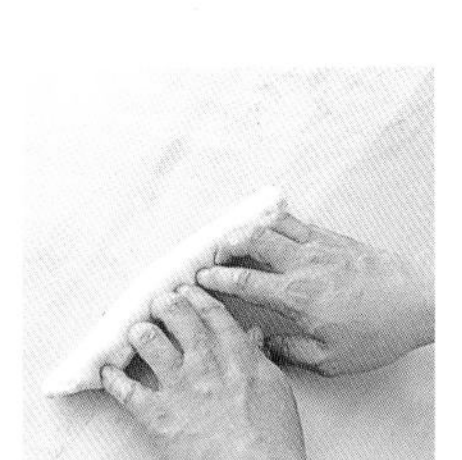

4 收口朝下雙手從麵糰中央向左右搓揉成細尖型，雙手置於麵糰兩端以反方向搓揉成長度約35cm的麵糰。

5 2條麵糰為1組，交叉成十字型，拿起左右兩端。

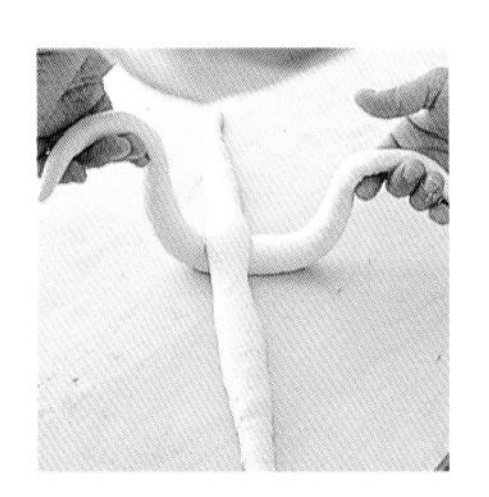

6 左手為下右手為上交叉圍住麵糰。

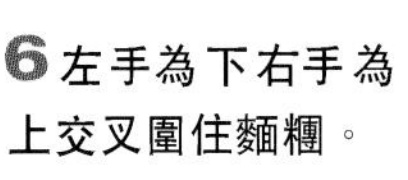

7 右手取另一條麵糰的上端、左手握住麵糰下端交叉麵糰（重複步驟**6**）。

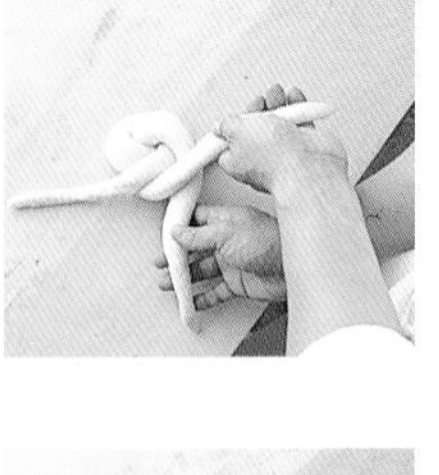

8 交錯重覆做步驟 **6**、**7**。

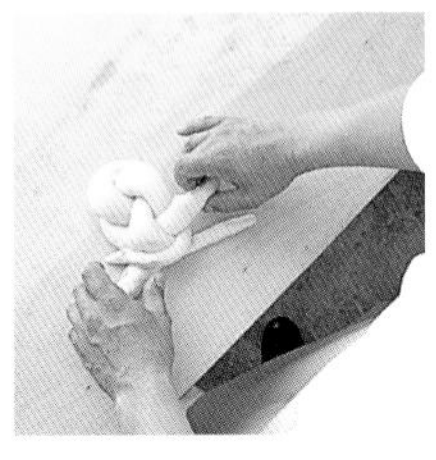

9 編到最後時留一小部份的麵糰向下對折。

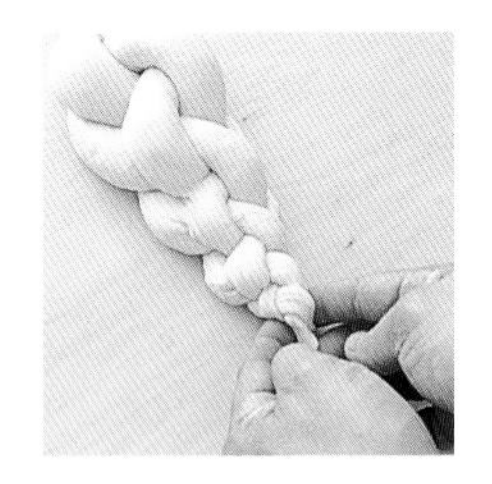

10 用手以切東西的姿勢將末端壓緊，若沒壓緊編好的麵糰會散掉。

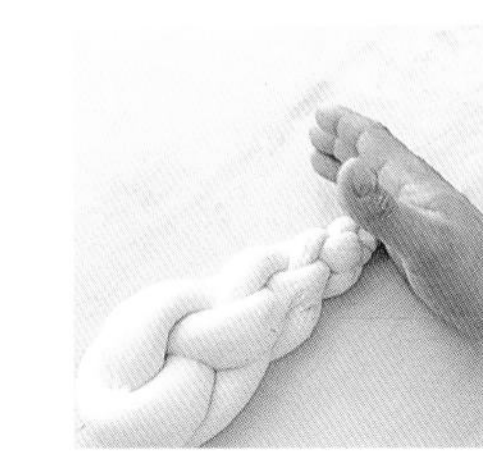

11 烤盤上抹奶油後放入麵糰、麵糰表面塗上蛋液，為了防止麵糰乾燥，蓋上布（但不要碰到麵糰）發酵1小時15分~1小時30分。

12 發酵至原來的2倍大即可，表面再塗上一次蛋液，烤箱預熱200℃，烤30分鐘左右。

KOUGLOF
庫克洛夫

BRIOCHE
皮力歐許

KOUGLOF
庫克洛夫

源於奧地利、卻也是法國阿爾薩斯當地的名產，皮力歐許風的麵糰為路易十六的皇妃 *Marie-Antoinette* 很喜愛的麵包。

Les ingrédients pour
1 pain de 500 *g*
可做1個500*g* 的麵包

matériel：
ϕ18×10cm庫克洛夫模(1個)

法國麵粉 Type 55　260 g
鮮酵母　12g
鹽　4g
砂糖　25g
牛奶　85cc
全蛋　2個
奶油　75g

葡萄乾漬蘭姆酒　70g
檸檬皮（切絲後汆燙）　1個

裝飾：
杏仁片　適量
糖粉　適量

préparation：
■準備工作：
做法和牛奶餐包一樣，牛奶和水一起加入，攪拌快完成時再加入葡萄乾漬及檸檬皮，發酵40分鐘。→見 *p*62、63 **1~16**。

commentaires：
■庫克洛夫源於德語，意思就是將麵包做成球的形狀，而加入啤酒酵母後可以做出形狀類似男孩戴的圓邊帽。

1 工作台上撒點粉，用刮板將麵糰取出。

2 將外側麵糰折向中央並用手掌擠出空氣。

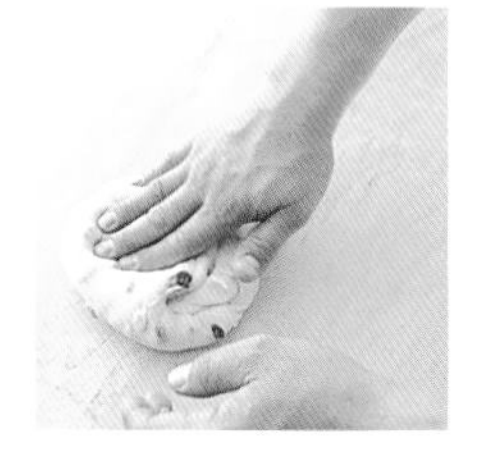

3 收口朝下雙手握住麵糰滾圓。

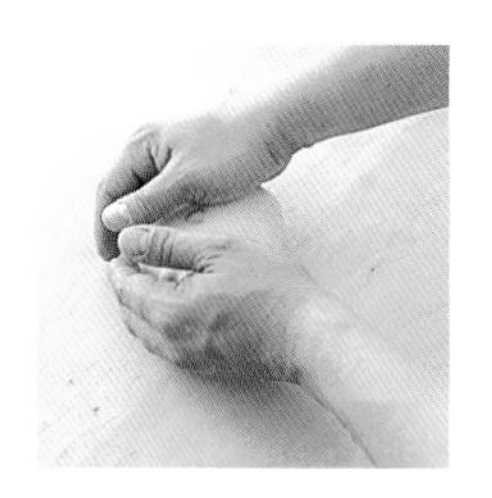

4 麵糰蓋上布巾靜置15分鐘。

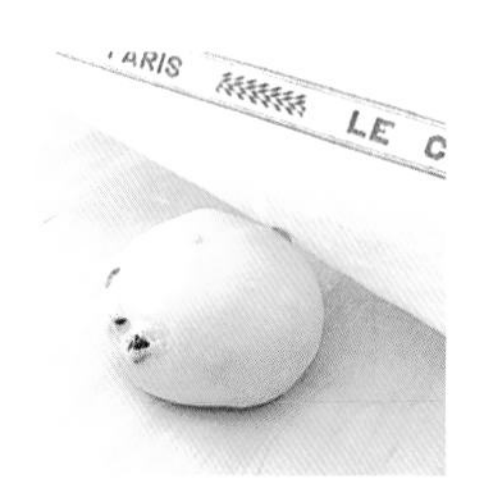

5 收口朝上用手掌壓扁後再用**2**的方式將空氣擠出。

6 與**3**一樣用手掌滾圓麵糰。

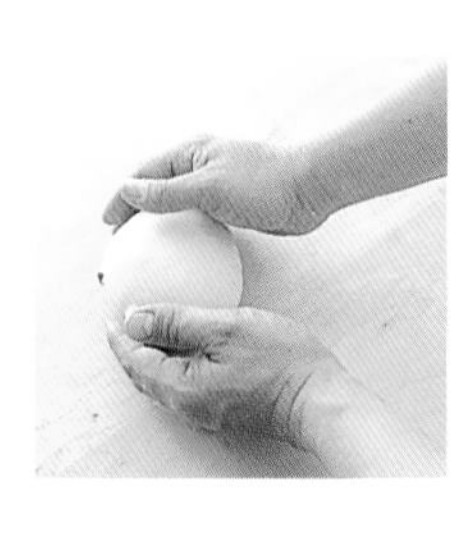

7 用2根手指在麵糰中央挖個洞。

8 模型塗上奶油、撒上杏仁片。

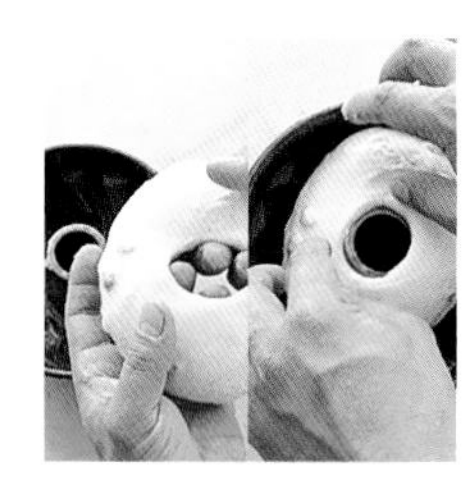

9 麵糰中間的洞要和模型的口一樣大，表面朝下將麵糰放入模型中。

10 麵糰的量約為模型的1/3~1/4左右，為了防止乾燥蓋上布（不要碰到麵糰）發酵1小時15分~1小時30分。

11 發酵至原來的2倍大即可，烤箱預熱220℃，烤25~30分鐘左右。

12 烤好後馬上將麵包取出放在網架上，冷卻後再篩上糖粉即可。

BRIOCHE
皮力歐許

屬於法國最傳統的甜麵包，加入大量蛋和奶油的軟麵包，塗上果醬或巧克力醬也很好吃。

Les ingrédients pour
1 *brioche de* 350g
et 3 *petites* 50g
可做1個350g的麵包及
3個50g的小餐包

matériel：
φ10×11cm空罐（1個）

高筋麵粉　250g
鮮酵母　8g
鹽　7g
砂糖　30g
牛奶　80cc
全蛋　3個
奶油　120g

裝飾：
蛋液　適量
櫻桃　適量

préparation：
■準備工作：
做法和牛奶餐包一樣，牛奶和蛋一起加入，發酵1小時15分鐘。→見*p*62、63做法**1-16**。

1 麵糰發酵至原來的2倍大即完成發酵，也可將麵糰放入6℃的冷藏庫靜置1個晚上。

2 先量好烤盤紙的大小；在空罐內抹奶油，再先後放入內緣及底的烤盤紙（硫酸紙或料理用的紙）。

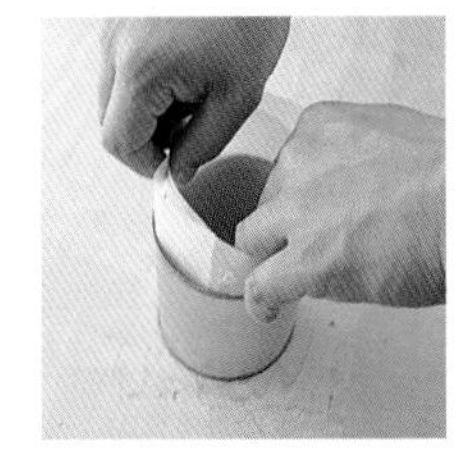

3 工作台撒粉並用刮板將麵糰取出，分割成350g1個和50g3個的麵糰，將所有麵糰壓扁擠出空氣後滾圓。

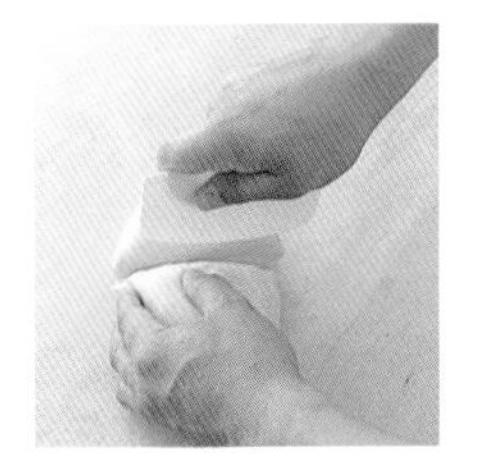

4 350g的麵糰重複甩打及對折的動作數次。

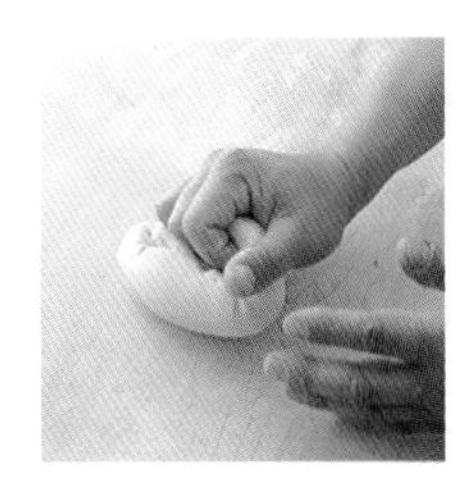

5 待表面有光澤後再用手滾圓。

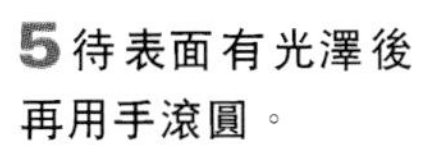

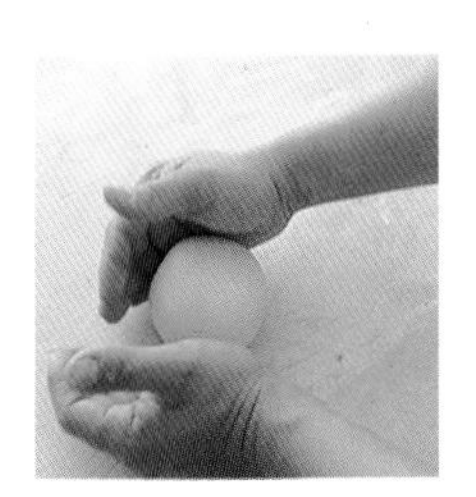

6 收口朝側面並用手掌滾動成圓筒狀。

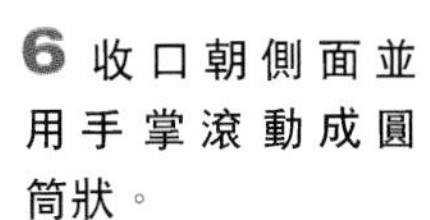

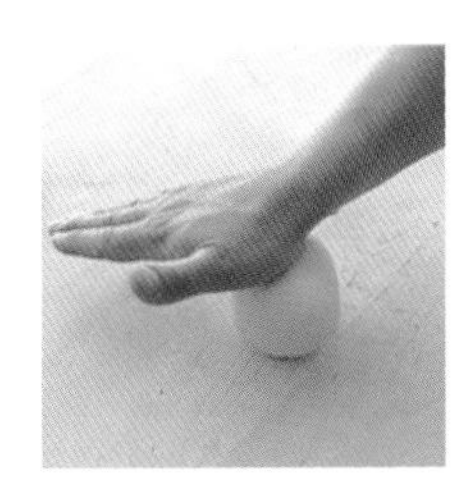

7 將**6**的麵糰放入空罐中。

8 用手掌將3個50g的小麵糰壓扁，外側的麵糰向中央對折後收口朝下滾圓。

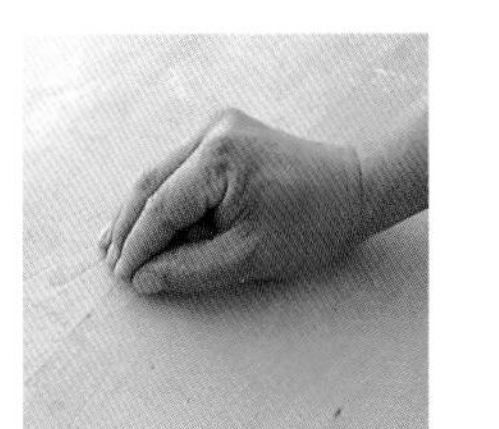

9 烤盤上塗奶油並放入所有麵糰，為了防止乾燥，先蓋上布巾發酵1小時15分~1小時30分（布巾不要碰到麵糰）。

10 發酵至原來的2倍大即可，罐中的麵糰表面塗上蛋液。

11 剪刀口先沾上蛋液、再用剪刀將小麵糰剪4刀。

12 中間放上一顆櫻桃，再用擀麵棍壓一下防止櫻桃掉落，預熱烤箱210℃，小的烤15分鐘，大的烤30分鐘。

PAIN DES ROIS
國王麵包

類似皇冠的形狀，法國南部慶祝耶誕節的時候所吃的麵包，在當地比國王餅更受重視。

Les ingrédients pour
2 *pains de* 500 *g*
可做2個500*g* 的麵包

法國麵粉 Type 55　550 g
杏仁粉　50g
鮮酵母　12g
鹽　8g
砂糖　30g
牛奶　250 cc
全蛋　1個
葡萄乾漬蘭姆酒　70g
橙皮（去除白囊部份再切成細丁）　1個

裝飾：
蛋液　適量
櫻桃　適量
珍珠砂糖　適量
（粗粒砂糖）

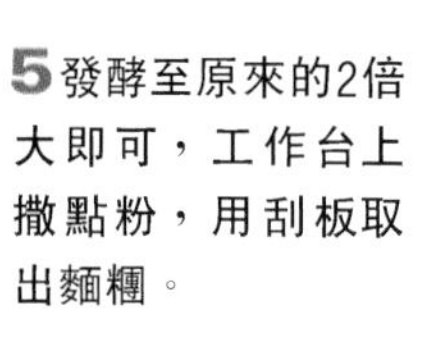

préparation :

■準備工作：
做法和牛奶餐包一樣，牛奶和蛋一起加入攪拌10分鐘。→見*p*62做法**1**~**14**。

1 麵糰擀平後將瀝乾水分的葡萄乾漬及橙皮細丁。

2 上方1/3麵糰向下對折將收口壓緊再把空氣擠出，再將下面1/3部分的麵糰向上對折擠出空氣，最後再對折、收口壓緊後滾圓。

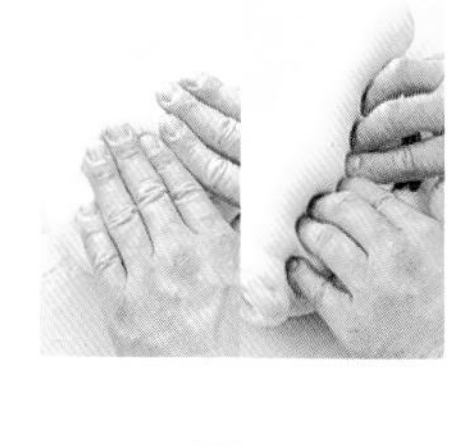

3 在工作台上甩打，甩打過程中順手將麵糰對折包住空氣（90度轉向重複此動作），持續3分鐘使橙皮與麵糰充分混合。

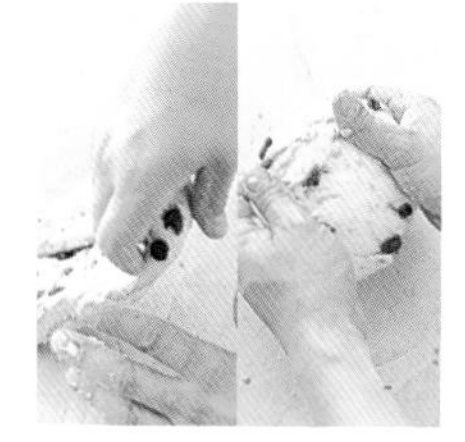

4 放入圓形鋼盆中、蓋上保鮮膜發酵40分鐘。

5 發酵至原來的2倍大即可，工作台上撒點粉，用刮板取出麵糰。

6 將麵糰分成2個500g的麵糰，再用手掌壓平，麵糰由外向內折入將空氣擠出，滾圓後蓋上布靜置15分鐘。

7 用手掌壓平麵糰再滾圓，用兩隻手指在麵糰中央挖洞。

8 將手穿入麵糰呈圓圈狀，轉動麵糰讓圓圈變大為外圈直徑20cm、內圈直徑為9cm的圓圈，如果洞太小，再發酵之後洞會不見。

9 麵糰放入抹奶油的烤盤，表面刷上蛋液，蓋上布巾但不要碰到麵糰，發酵1小時15分~1小時30分。

10 麵糰發酵至原來的2倍大即可，再刷上蛋液，用剪刀剪成鋸齒狀（剪刀口要先沾上蛋液）。

11 在麵糰表面均勻撒上珍珠砂糖，烤箱預熱210℃烤約35分。

12 烤好後放在網架上待涼，並將切好的櫻桃嵌上作為裝飾。

BOULE DE BERLIN
柏林多拿滋

FER À CHEVAL VIENNOIS
維也納馬蹄型麵包

BOULE DE BERLIN
柏林多拿滋

這種多拿滋常可在法國海邊看到，事實上它始源於本世紀初的德國柏林，最大的特色是中間加了果醬。

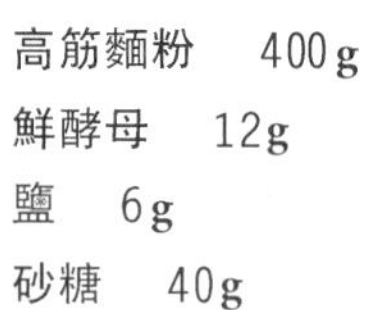

Les ingrédients pour
15 ***beignets de*** 50 *g*
可做15個50g 的麵包

高筋麵粉　400 g
鮮酵母　12g
鹽　6g
砂糖　40g
牛奶　170 cc
全蛋　2個
奶油　20g

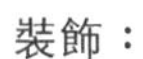

裝飾：
果醬　適量
糖粉　適量

沙拉油　適量

préparation :

■準備工作：
做法和牛奶餐包一樣，牛奶和蛋一起加入攪拌，發酵45分鐘。→見*p*62.63做法**1-16**。

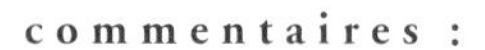

commentaires :

■油的溫度如果太高，麵糰表面很快就變成金黃色，容易造成表面看起來是熟的、裡面卻是生的，所以要注意溫度。

1 工作台上撒點粉，用切麵刀將麵糰取出後分成15個50g的小麵糰。

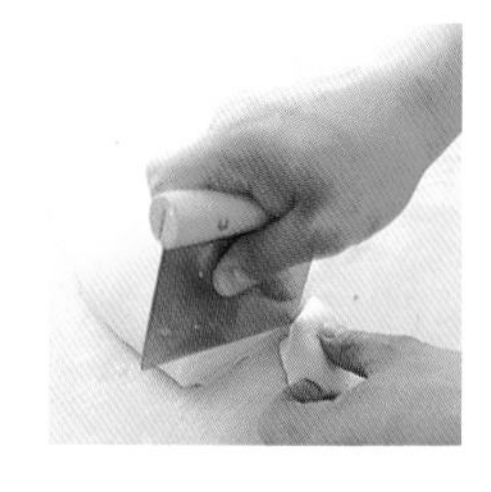

2 麵糰由外側向內折並壓出空氣，收口朝下重複滾圓動作，收口要封緊。

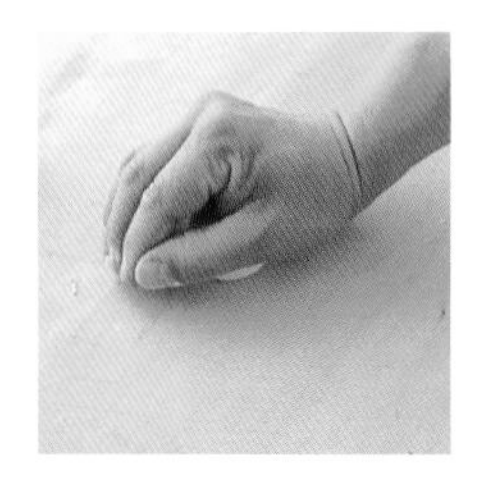

3 麵糰蓋上布巾靜置15分鐘。

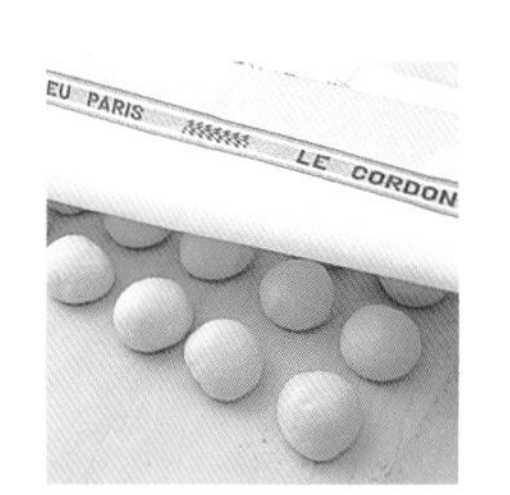

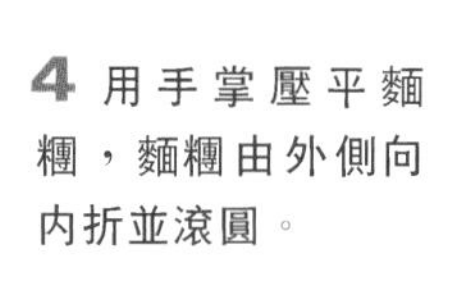

4 用手掌壓平麵糰，麵糰由外側向內折並滾圓。

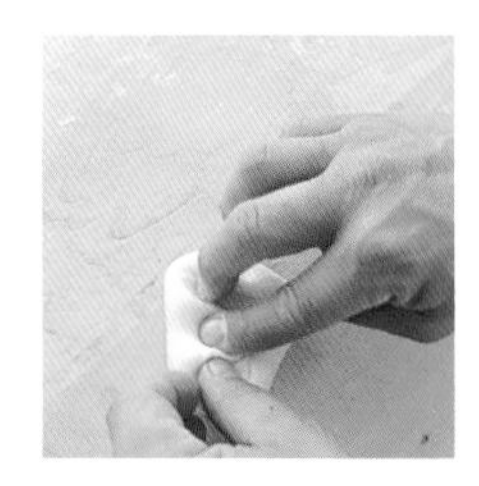

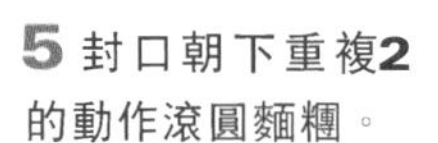

5 封口朝下重複**2**的動作滾圓麵糰。

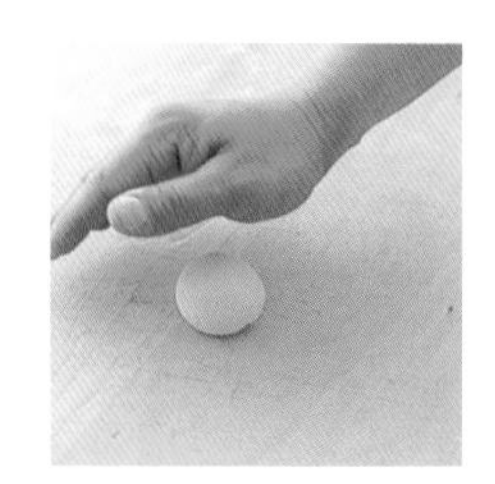

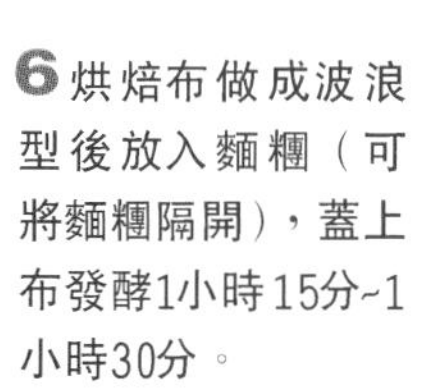

6 烘焙布做成波浪型後放入麵糰（可將麵糰隔開），蓋上布發酵1小時15分~1小時30分。

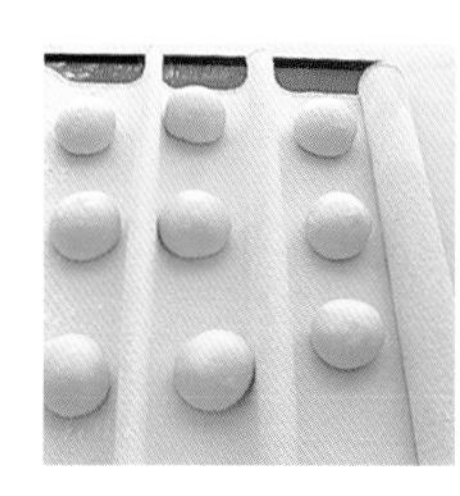

7 發酵至原來的2倍大即可。

8 油加熱至170℃後放入麵糰下去炸。

9 炸約2分鐘後再翻面炸2分即可撈出將油瀝乾。

10 冷卻後再用圓錐型擠花嘴從麵糰旁邊挖個洞。

11 直徑1cm的擠花嘴裝上擠花袋，裝入果醬後將果醬擠進麵糰中。

12 篩上糖粉即可。

FER À CHEVAL VIENNOIS
維也納馬蹄型麵包

奧地利人製作的麵包，在法國比較不出名，可是在瑞士人氣卻很高。

Les ingrédients pour
9 *fers de* 50*g*
可做9個50g 的麵包

法國麵粉 Type 55　250 g
鮮酵母　8g
鹽　4g
砂糖　15g
牛奶　120 cc
全蛋　1個

杏仁醬：
奶油　120 g
糖粉　120 g
全蛋　1個
杏仁粉　120 g
肉桂粉　10g

裝飾：
蛋液　適量

préparation :

■準備工作：
做法和牛奶餐包一樣，牛奶和蛋一起加入攪拌，發酵45分鐘。→見p62、63做法**1~16**。

1 工作台上撒點粉，用刮板將麵糰取出後分成9個50g的小麵糰。

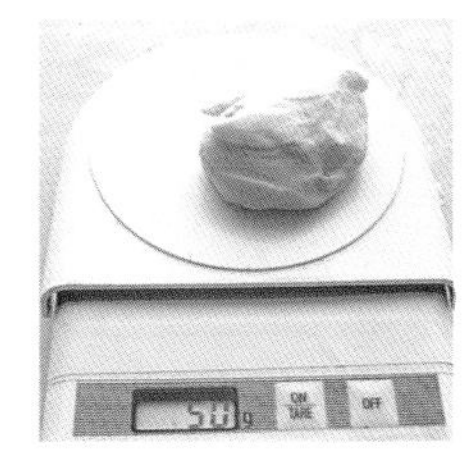

2 用手掌壓扁麵糰將空氣擠出，麵糰由外側向內折並壓一壓，收口封緊朝下並滾圓。

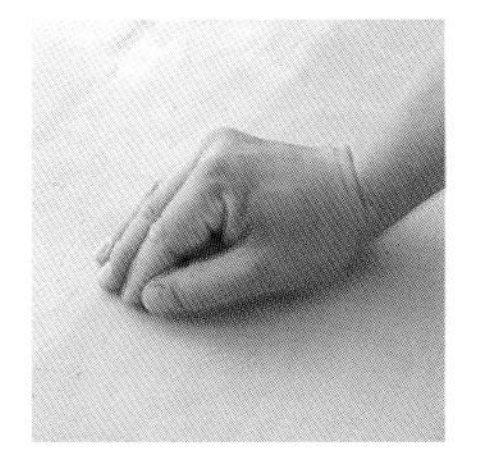

3 將麵糰滾成橢圓形後蓋上布靜置15分鐘。

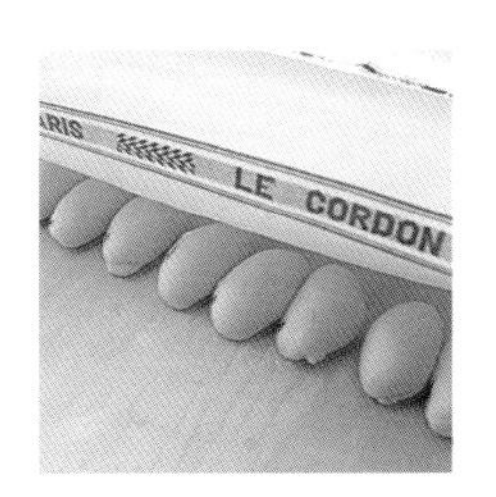

4 杏仁醬：將奶油置於室溫軟化後，放入鋼盆中並篩入糖粉攪拌，蛋慢慢加入攪拌。

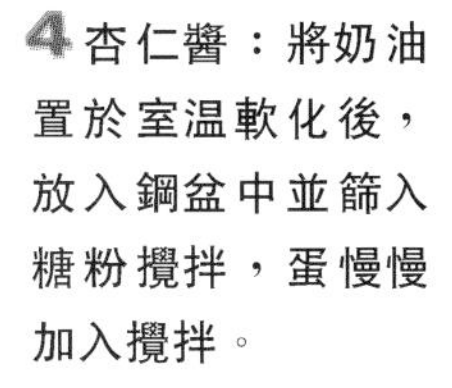

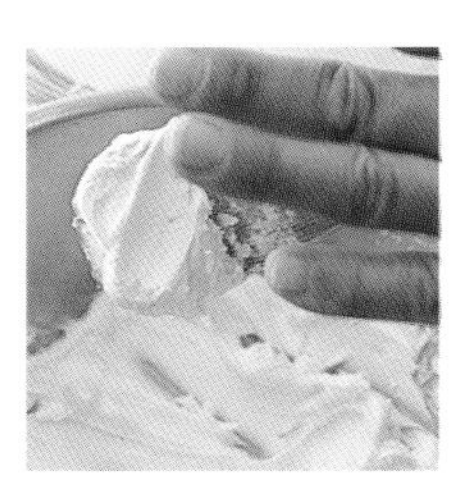

5 杏仁粉、肉桂粉篩入後再繼續攪拌，順著手勢讓空氣攪入至杏仁醬有光澤。

6 將**3**的麵糰用手掌壓扁擠出空氣，用擀麵棍擀成三角形後靜置一會兒。

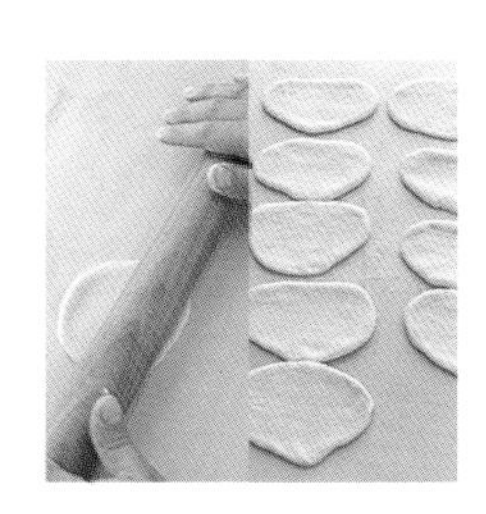

7 將麵糰拉成邊長15cm的三角形。

8 將直徑1cm的擠花嘴裝上擠花袋，擠花袋內裝入杏仁醬，擠在**7**的麵糰上，兩端各留1cm。

9 麵糰從上方折下來將杏仁醬包起，用手指將收口壓緊。

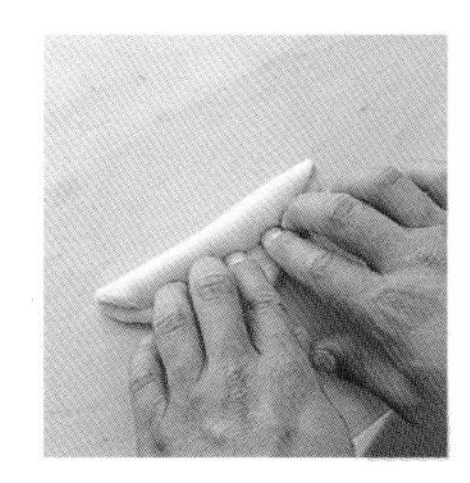

10 捲起麵糰滾成20~25cm的長條狀。

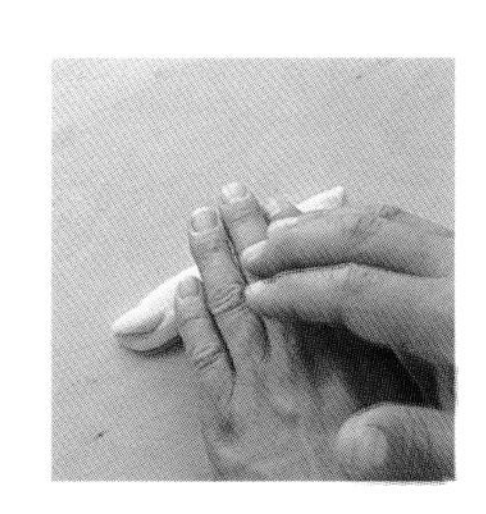

11 烤盤上抹奶油，麵糰封口朝下並彎成馬蹄形放入烤盤，布巾不要碰到麵糰小心蓋上發酵1小時15分鐘。

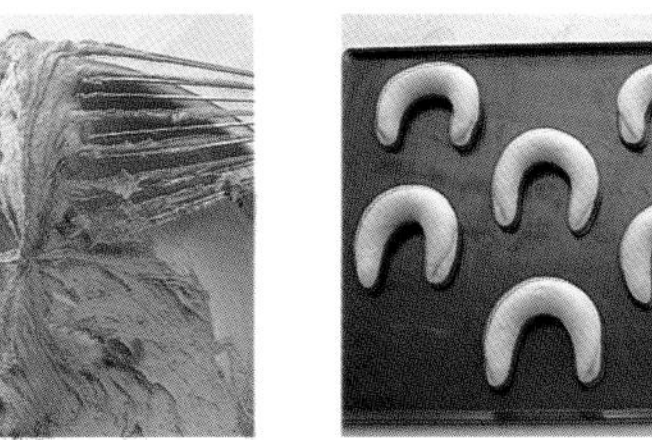

12 發酵至原來的2倍大即可在表面塗上蛋液，烤箱預熱200℃烤約18分鐘。

PAIN DE MIE
原味吐司

英國當地常食用的麵包，在亞洲用來製作三明治，在法國則是當開胃菜或宴會時使用。

Les ingrédients pour
2 pains de 480 *g*
可做2個480g 的吐司

matériel：
19×10cm吐司模（2個）

法國麵粉 Type 55　250 g
高筋麵粉　250 g
鮮酵母　25g
鹽　10g
砂糖　15g
牛奶　50cc
水　200 cc
蛋　2個
奶油　100 g

裝飾（不加蓋用）：
蛋液　適量

préparation：
■準備工作：
做法和牛奶餐包一樣，牛奶和蛋一起加入攪拌，發酵35分鐘。→見*p*62、63做法**1~16**。

1 工作台上撒點粉，用刮板將麵糰取出後分成2個480g的麵糰，用手指將麵糰空氣擠出，麵糰外側向內折。

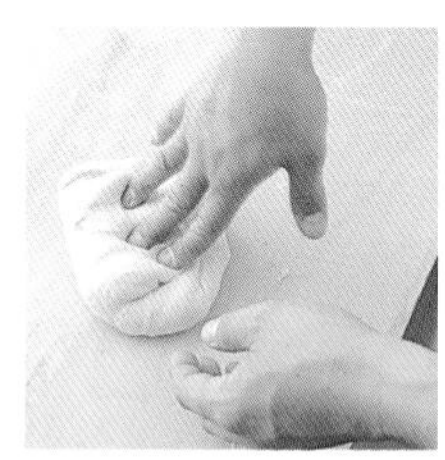

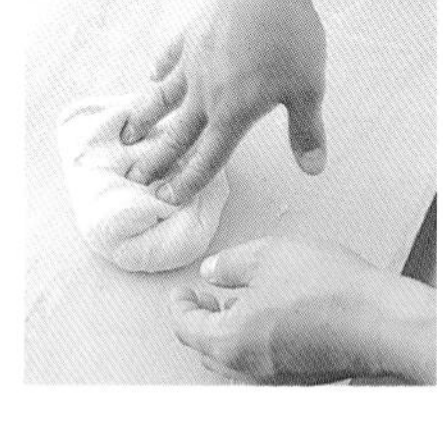

2 收口朝下將麵糰滾圓。

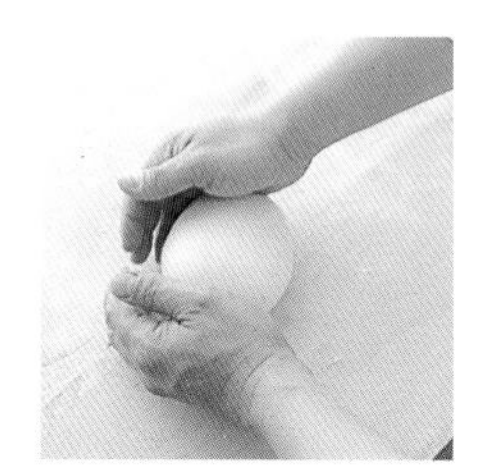

3 麵糰蓋上布巾靜置15分鐘。

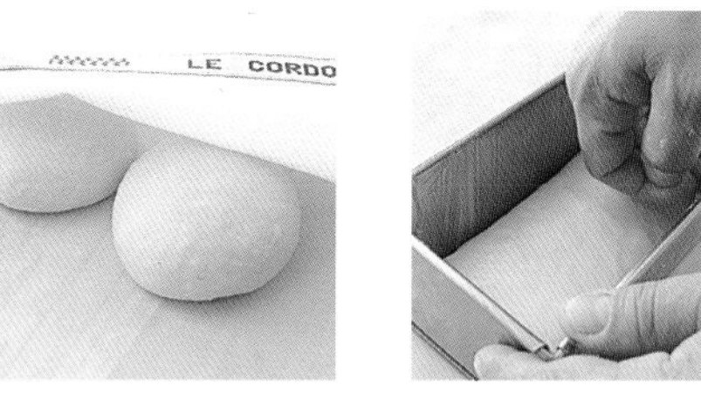

4 收口朝上將空氣壓出，上方1/3麵糰向下方折擠出空氣，1/3部分的麵糰向上折用手掌擠出空氣。

5 再對折並將收口壓緊。

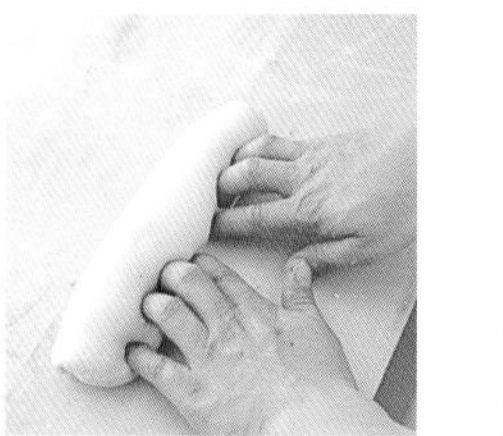

6 收口朝下將麵糰搓揉成長約25cm的橢圓形。

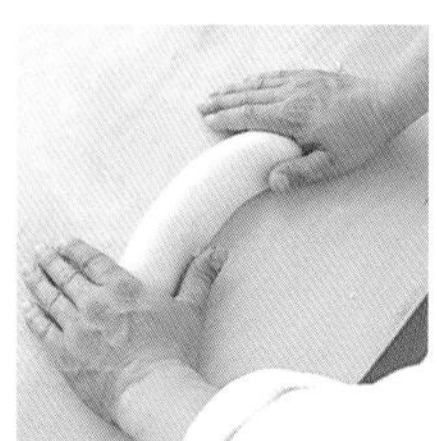

7 收口朝上並將兩端麵糰向內折成19cm的長度。

8 收口朝下並整形麵糰。

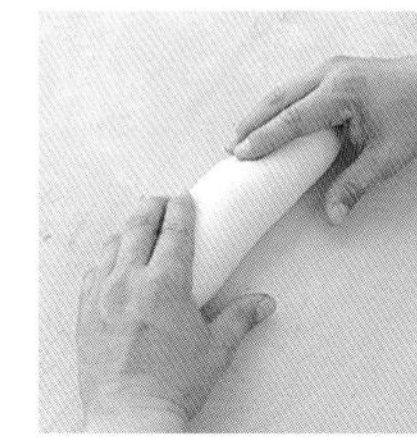

9 將麵糰放入已抹奶油的模型，並輕壓麵糰。

10 為了能隨時注意發酵狀態，請將蓋子打開一點，若不蓋上蓋子可用保鮮膜代替，發酵1小時15分~1小時30分。

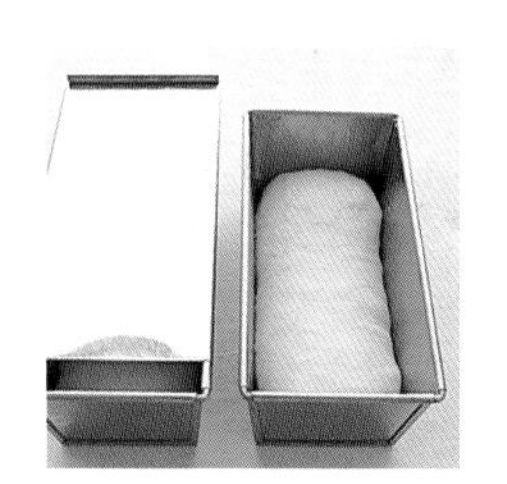

11 麵糰發酵至模型的8分滿即可。

12 若蓋上蓋子烘烤請將蓋子蓋緊，若不蓋蓋子請刷上蛋液，從中央割一條線，烤箱預熱180℃烤30分鐘。

MÉTEIL AUX DEUX COULEURS

雙色雙麥吐司

BISCOTTE
比斯寇特

MÉTEIL AUX DEUX COULEURS
雙色雙麥吐司

雙色雙麥吐司結合了亞洲及歐洲人的口味，因為表面光滑且口感柔順，所以一直深受亞洲人的喜愛。

Les ingrédients pour
1 *pain de* 420 *g*
可做1個420g 的麵包

matériel：
19×10cm吐司模（1個）

高筋麵粉　350 g
鮮酵母　12g
鹽　4g
砂糖　6g
牛奶　180 cc
全蛋　1個
奶油　25g
即溶咖啡粉　4g

裝飾：
蛋液　適量

préparation：
■準備工作：
做法和牛奶餐包一樣，牛奶和蛋一起加入，將麵糰分成2等份，其中一份加入即溶咖啡粉攪拌均勻後滾成圓形發酵45分鐘。→見p62、63做法**1~16**。

commentaires：
■切開之後剖面顏色很漂亮，有2種顏色的麵糰交錯，成型的方法不同，交錯的方式也不同。

1 工作台上撒點粉，用刮板將麵糰取出後，用手掌將麵糰空氣擠出。

2 上方1/3麵糰向下折將空氣擠出，下方1/3部分的麵糰向上折擠出空氣。

3 再對折並用手指壓緊收口，收口朝下揉成棒子形狀。

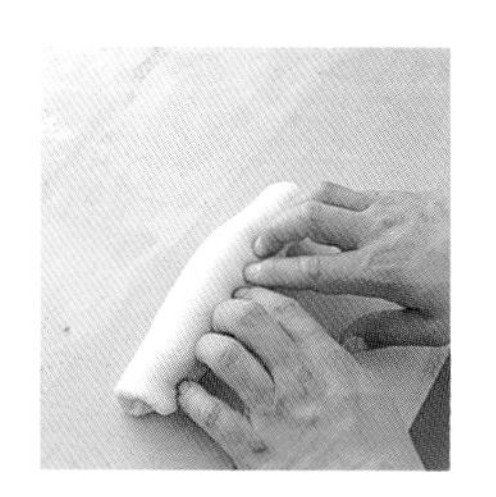

4 蓋上布巾靜置15分鐘，將收口朝上再用手掌壓平麵糰擠出空氣。

5 重複**2**、**3**順序將麵糰揉成棒狀，收口朝下雙手放置中央將麵糰壓緊，手往左右搓揉成長度約35cm的麵糰。

6 將2色麵糰交叉放置。

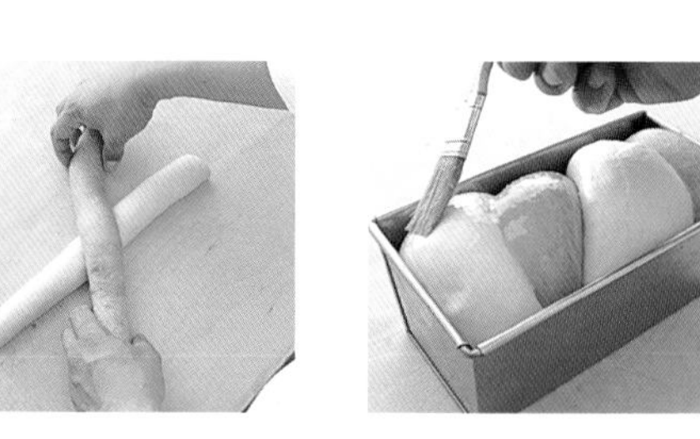

7 下面的麵糰扭轉至另一麵糰上面

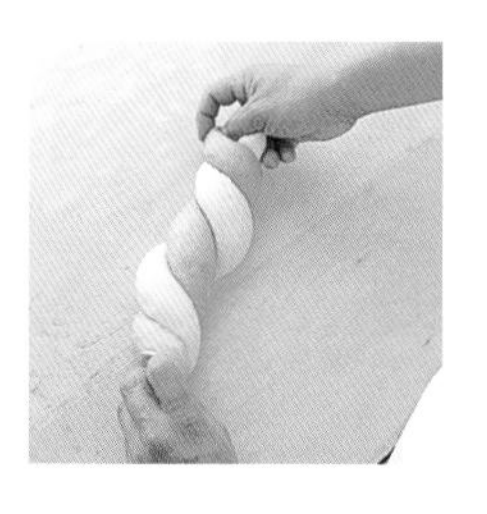

8 重複**7**的動作。

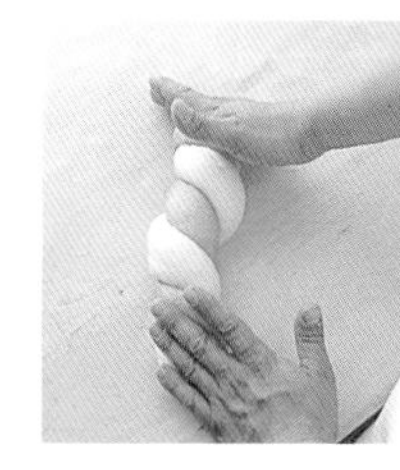

9 握住麵糰2端讓兩色麵糰捲緊。

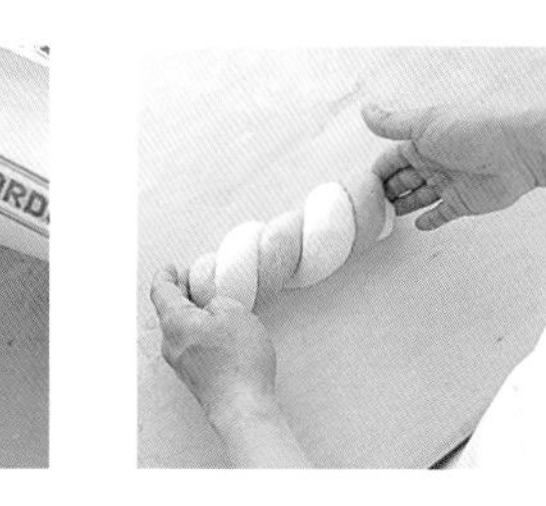

10 依照模型的大小調整一下形狀。

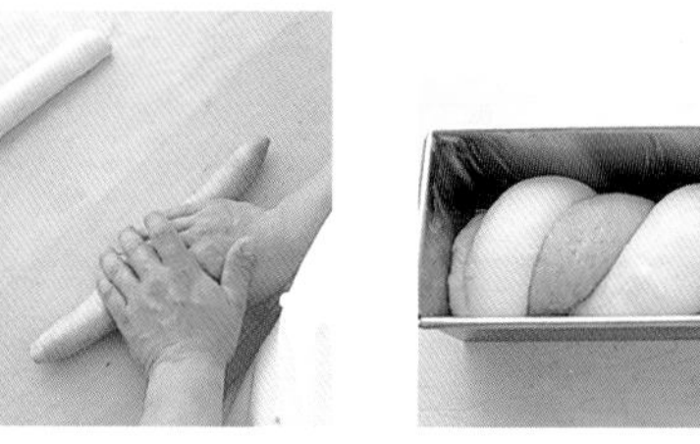

11 麵糰放入抹好奶油的模型中，蓋上布巾避免碰到麵糰，發酵1小時15分~1小時30分。

12 麵糰發酵至原來的2倍大即可在表面塗上蛋液，預熱烤箱220℃，烤35分鐘。

BISCOTTE
比斯寇特

烤過的吐司熱量較低，所以在法國深受許多怕胖或正在減肥的人喜愛。

Les ingrédients pour
3 *pains de* 300 *g*
可做3個300*g* 的麵包

matériel：
17×8cm吐司模（3個）

高筋麵粉　500 g
鮮酵母　25g
鹽　10g
砂糖　30g
牛奶　50cc
水　250 cc
奶油　70g

裝飾：
蛋液　適量

préparation：
■準備工作：
做法和牛奶餐包一樣，牛奶和水一起加入，發酵45分鐘。→見*p*62、63做法**1~16**。

commentaires：
■這種麵包在販售時通常是10片裝成一袋出售，適合不能每天去購買麵包的人、因為保存期限較長，至於保存則是要置於乾燥的地方；早餐時可塗上奶油或果醬食用。

1 工作台上撒點麵粉，用刮板將麵糰取出後，將麵糰等分成3個300g，在工作台上甩打之後對折。

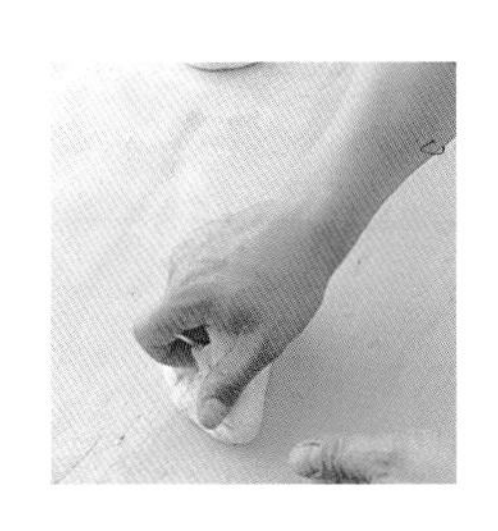

2 90度轉向再重複數次**1**的動作後，將麵糰的收口朝下、用手握住麵糰滾圓。

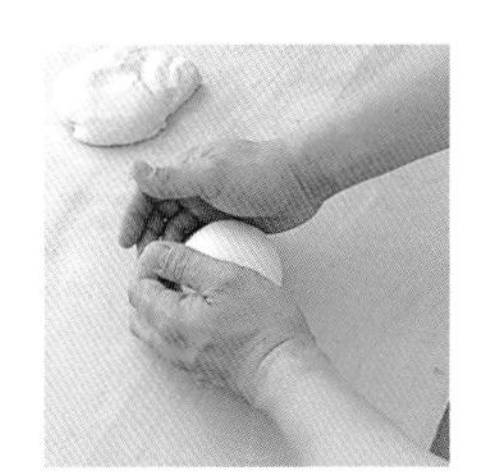

3 麵糰蓋上布巾靜置15分鐘。

4 收口朝上將空氣擠出，上方1/3麵糰向下折將收口壓緊再把空氣擠出，再將下方1/3部分的麵糰向上對折擠出空氣。

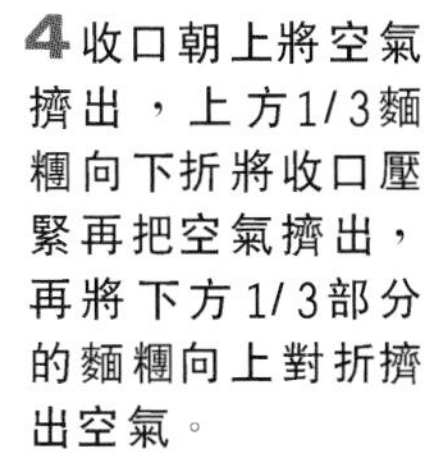

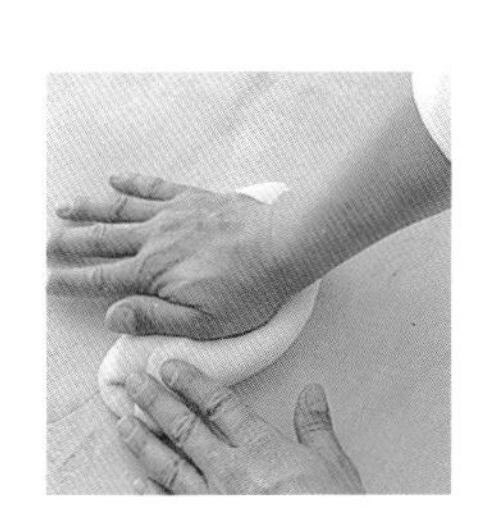

5 麵糰再對折並用手指壓緊收口。

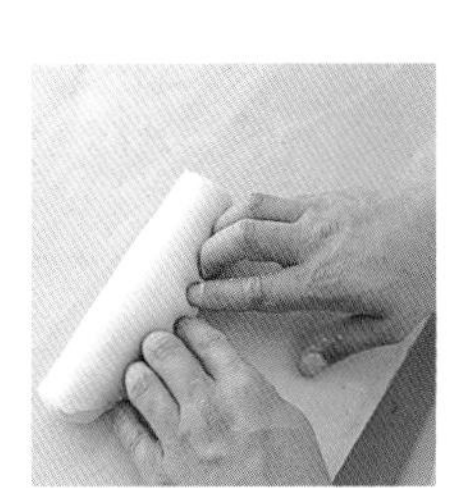

6 收口朝下、雙手置於麵糰中央將麵糰搓揉成23cm、兩端較細長的麵糰。

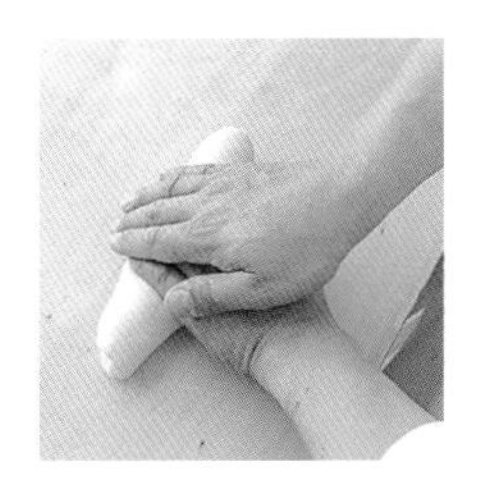

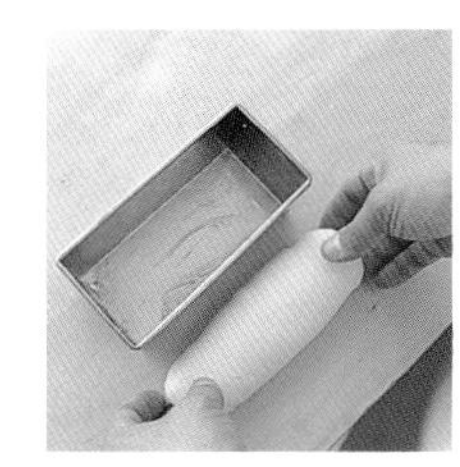

7 收口朝上調整麵糰的長度是否和模型一樣，再將收口朝下將麵糰搓成棒狀，模型塗上奶油後將麵糰放入並輕輕壓整麵糰。

8 麵糰為模型的1/2大即可，蓋上布巾（不要碰到麵糰）發酵1小時15分~1小時30分。

9 發酵至原來的2倍大即可，麵糰表面再塗上蛋液、烤箱預熱220℃，烤35分。

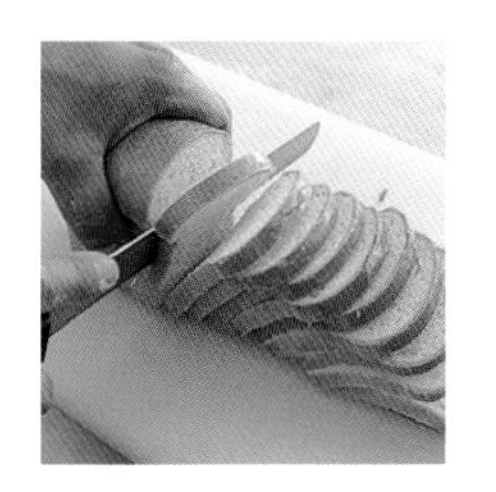

10 取出麵包並放在網架上待涼，待冷卻後切片厚約8mm左右。

11 將吐司片排放在烤盤上。

12 放進220℃的烤箱烤至兩面呈金黃色即可（中途要翻面烘烤）。

BRIOCHE FROMAGE
乳酪皮力歐許

這種特別的皮力歐許是由一個在奧弗涅地方的廚師所發明的。同時，奧弗涅也是盛產*Cantal*，*Fourmè dAmbert*等乳酪的地方。

Les ingrédients pour
1 *brioche de* 480 *g*
可做1個480 *g*的麵包

matériel：
19×10cm吐司模（1個）

法國麵粉 Type 55　180 g
全麥粉　20g
鮮酵母　10g
鹽　4g
黑胡椒粉　1g
牛奶　80cc
全蛋　1個
融化奶油　45g

乳酪　100g

裝飾：
蛋液　適量

préparation：
■準備工作：
做法和牛奶餐包一樣，攪拌8分鐘，牛奶、蛋和融化奶油一起加入。→見*p*62做法**1**~**14**。

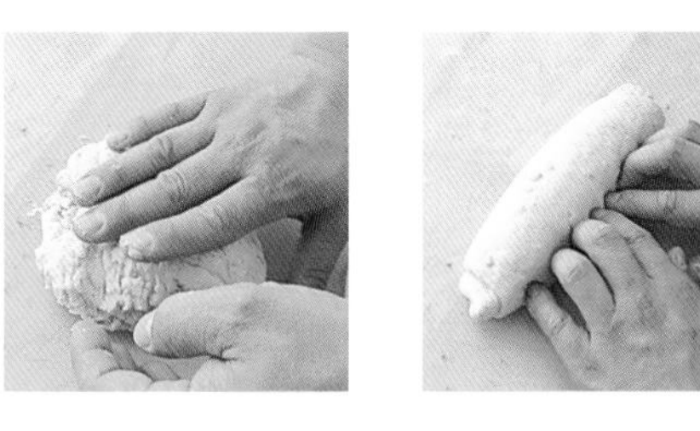

1 麵糰壓平後加入切丁的乳酪。

2 工作台上撒粉，麵糰在工作台上甩打後對折、將空氣包起來（90℃轉向後重複數次）搓揉約2分鐘擠出空氣。

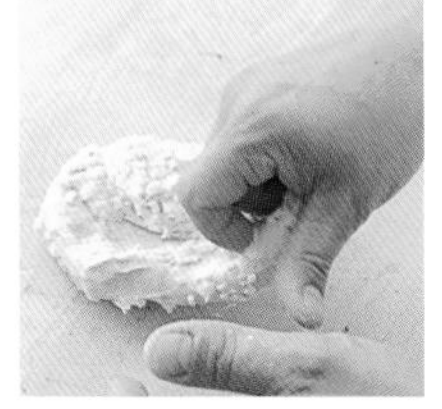

3 將乳酪全部混合均勻、且表面呈光滑感後將麵糰收口朝下滾圓。

4 將麵糰放入鋼盆中、蓋上保鮮膜發酵45分鐘。

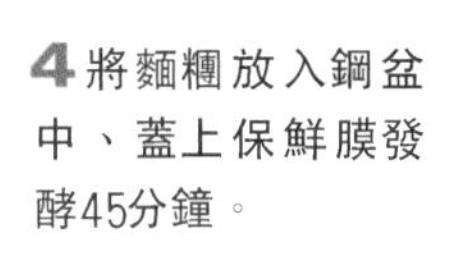

5 麵糰發酵至原來的2倍大即可用刮板取出，再重複**2**、**3**將麵糰滾圓，蓋上布巾後靜置15分。

6 收口朝上將空氣擠出，上方1/3麵糰向下折將收口壓緊再擠出空氣，1/3部份的麵糰向上對折擠出空氣。

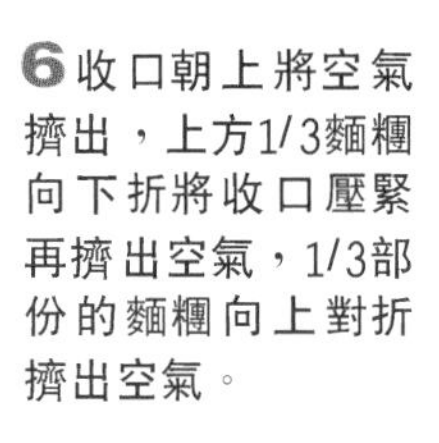

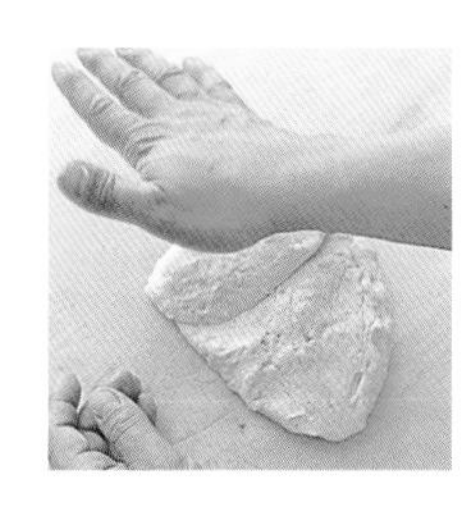

7 再對折後將收口壓緊。

8 收口朝下、雙手置於麵糰中央將麵糰搓揉成23cm、兩端較細長的麵糰。

9 收口朝上、兩端向內對折成與模型一樣的長度。

10 收口朝下將麵糰滾動成棒子形狀。

11 模型塗上奶油後將麵糰放入並輕輕壓整麵糰，為了防止表面乾燥請蓋上布巾（不要碰到麵糰）發酵1小時20分。

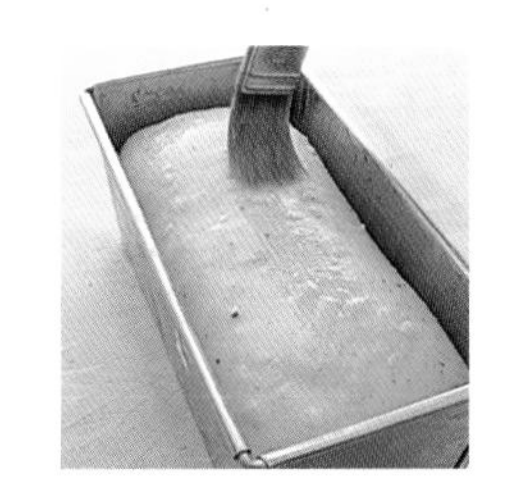

12 發酵至原來的2倍大即可，麵糰表面塗上蛋液、烤箱預熱210℃，烤35分。

PÂTE À PIZZA
披薩

這種麵糰的製作方法比較不一樣，它是直接將麵糰放入模型中、上面撒些鹹口味的餡料搭配，屬於軟性麵糰。

Les ingrédients pour
2 *pizzas de* 270 *g*
可做2個270g 的披薩

法國麵粉 Type 55　250 g
鮮酵母　15g
鹽　4 g
水　70 cc
全蛋　2個
橄欖油　1又1/2大匙
奶油　100 g

玉米粉　適量

蕃茄醬汁：
洋蔥（切丁）　1個
大蒜（切丁）　1個
橄欖油　2大匙
蕃茄醬　30g
水煮蕃茄　1罐（400 g）
百里香葉　適量
月桂葉　適量
鹽、黑胡椒　各適量

餡 料 ：
洋蔥、青椒、紅椒、蘑菇、黑橄欖、鯷魚、蕃茄、義大利肉腸、格律爾乳酪（Gruyerè）各適量

préparation :
■準備工作：
做法和牛奶餐包一樣，水、蛋代替牛奶加入，奶油和橄欖油一起加入，發酵1小時30分鐘。→見 *p*62、63做法**1-16**。

commentaires :
■這裡的麵糰為法國南部製作的披薩皮，除了可用來製作披薩之外，還可用來製作如刈包形狀的麵包或是派皮，用途非常廣泛；披薩的餡料及大小可依個人喜好決定。

1 工作台上撒粉，用刮板將麵糰取出後分成2個270g的麵糰，在工作台上甩打之後對折（90度換邊再重複數次）擠出空氣。

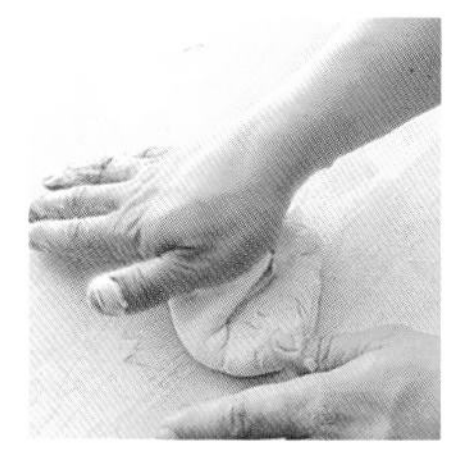

2 收口朝下滾圓麵糰，蓋上布巾靜置15-30分鐘。

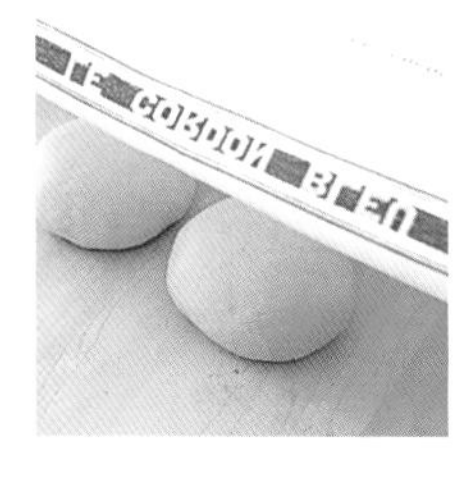

3 蕃茄醬汁：鍋內倒入少許橄欖油加熱，將洋蔥丁及大蒜丁炒香後再加入其餘材料煮沸即可待涼備用。

4 麵糰收口朝上用手掌壓扁擠出空氣。

5 拳頭沾粉從麵糰中央壓下。

6 重複**5**的動作用拳頭將麵糰壓扁。

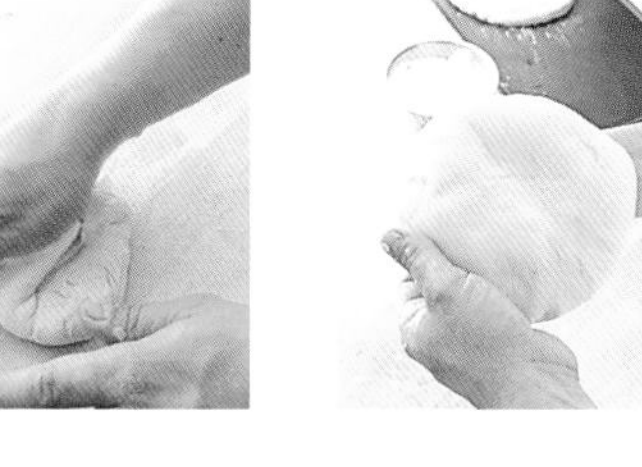

7 拿起麵糰用手轉動成大餅形狀。

8 工作台上撒點粉放上麵糰並調整其形狀。

9 玉米粉放入大的四角盆中，將麵糰邊緣沾上玉米粉（注意不要破壞形狀）。

10 烤盤上塗上奶油後放入麵糰，並輕壓邊緣使其凸起（避免醬汁流出）。

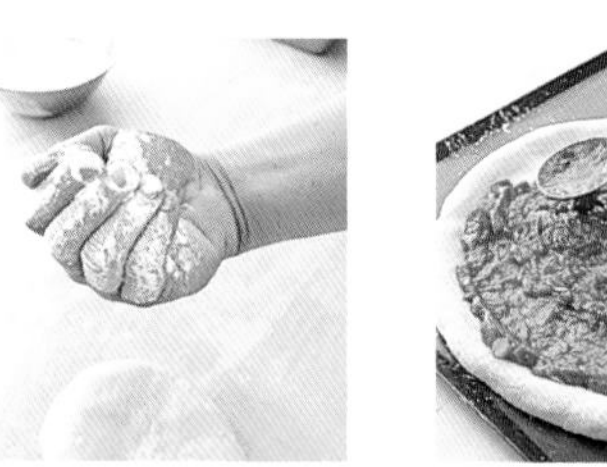

11 麵糰抹上**3**做好的蕃茄醬汁。

12 放上餡料、烤箱預熱220℃，烤20分鐘左右。

CROISSANTS, PAINS AU CHOCO

牛角夸頌，巧克力夸頌

CROISSANTS, PAINS AU CHOCOLAT
牛角夸頌，巧克力夸頌

座落於大街小巷的麵包店幾乎都有販售牛角夸頌，香濃的奶油香味和酥酥的脆感是它最大的特色。

Les ingredients pour 7 croissants et 8 pains au chocolat
可做7個牛角夸頌、8個巧克力夸頌

- 高筋麵粉　200 g
- 低筋麵粉　200 g
- 鮮酵母　12g
- 鹽　9g
- 砂糖　35g
- 奶粉　12g
- 水　200 cc
- 全蛋　1個
- 發酵麵糰　100 g
- 冰奶油　250 g（包入麵糰用）
- 巧克力條　8塊

裝飾：
- 蛋液　適量

commentaires :
■不要讓奶油溶化，麵糰一定要冰藏過後再取出製作，若麵糰太軟可先放進冰箱冰一下，步驟**18**的麵糰要和奶油的硬度一樣，若奶油太硬，擀壓的時候容易將奶油擀斷、太軟在作業時奶油會融化。

1 工作台上放入高筋麵粉以及低筋麵粉。

2 粉混合後在中央挖個凹洞。

3 凹洞中分別放入鹽、砂糖、奶粉和鮮酵母。

4 加入蛋液攪拌後加入水。

5 慢慢混合攪拌。

6 麵粉漸漸成糰後再用刮板將外圍的粉刮入聚集起來。

7 用捏的方式將麵糰向中央聚集。

8 有點硬度時再用刮板聚集麵糰。

9 邊甩打邊拉到麵糰有筋度。

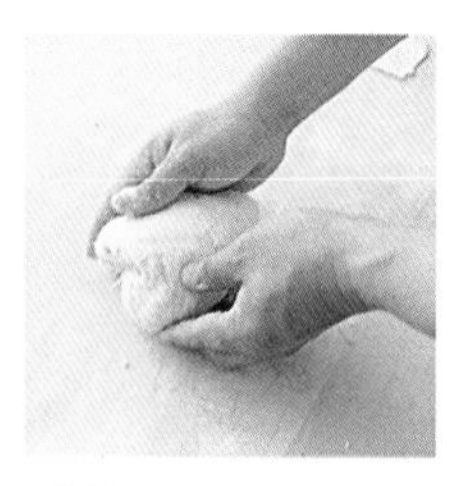

10 延續**9**的動作並將空氣包入、對折麵糰後90度轉向，再重複此動作。

11 將**10**的麵糰壓平後將發酵麵糰放入中央，對折之後壓緊包住。

12 重複**9~10**的步驟數次直到表面呈光滑狀。

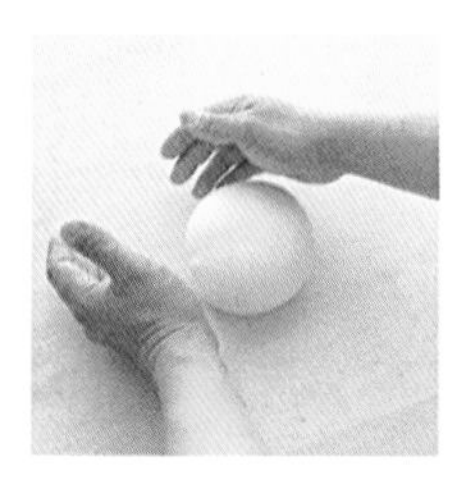

13 收口朝下將麵糰滾圓。

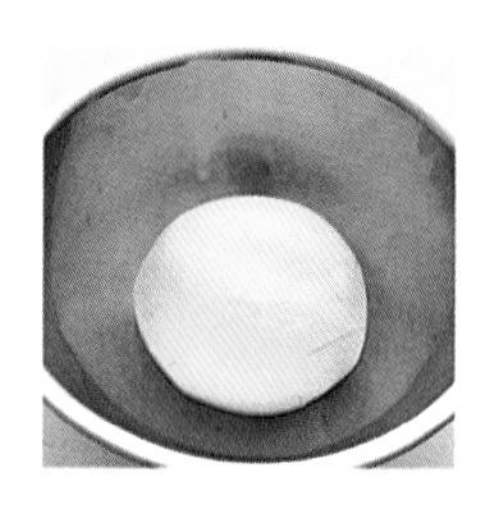

14 麵糰放入盆中、蓋上保鮮膜發酵45分鐘。

15 發酵至麵糰為原來的2倍大即可。

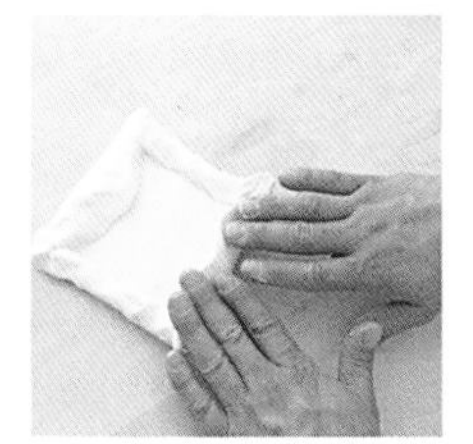

16 奶油用擀麵棍壓成正方形。

17 工作台上撒點粉、麵糰用刮板取出並擀成比奶油大2倍的長方形。

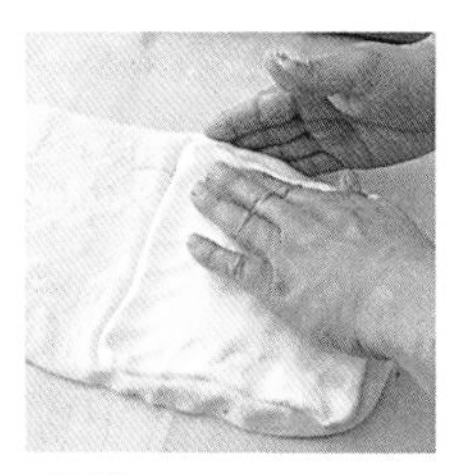

18 將奶油放在長方形麵糰的一邊。

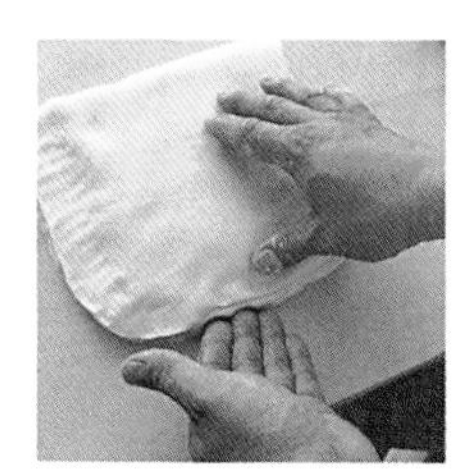

19 另一邊麵糰對折將奶油包住，用手指把收口壓緊。

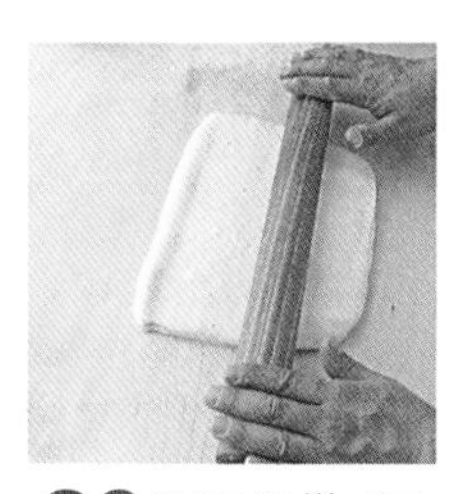

20 將麵糰擀成寬為20cm的長方形。

21 麵糰90度轉向再擀成長為55cm左右的麵糰，表面撒點粉後折三折。

22 用擀麵棍敲打麵糰，90度轉向後再繼續敲打。

23 用保鮮膜包住麵糰後放入烤盤中進冰箱冷藏20分鐘，取出後再重複操作2次（共3次）。

24 將麵糰擀成40×50cm的大小後，橫對切一半。

25 將其中一半的麵皮切成7個等腰三角形。

26 握住並輕輕將切好的麵皮拉長。

27 三角形底邊的中央割開1cm。

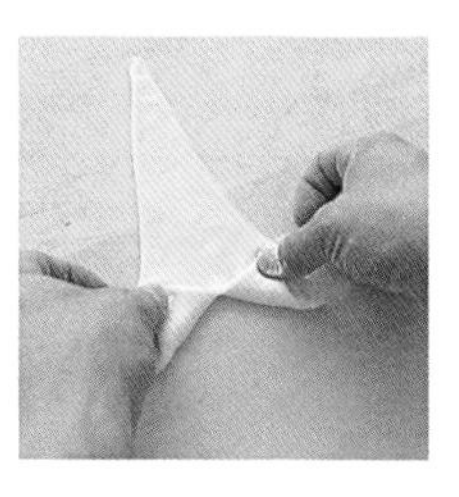

28 從1cm的中線向兩邊輕壓。

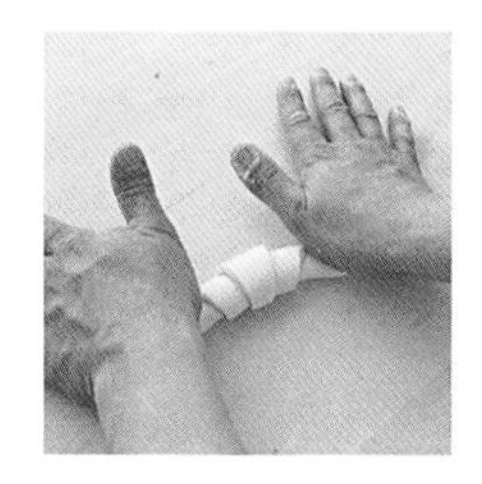

29 將麵皮捲起呈半月形的螺旋狀即為牛角夸頌。

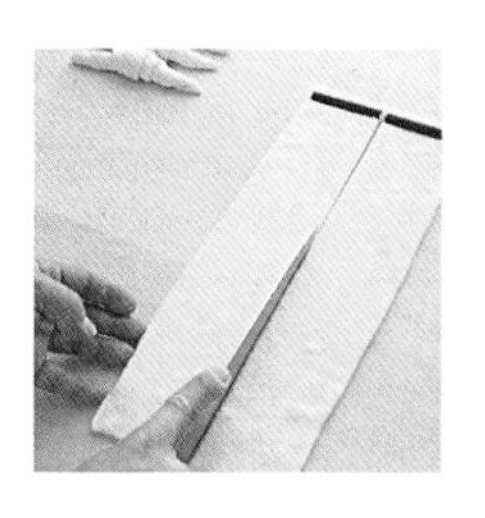

30 將另一半麵皮擀成巧克力長度的2倍寬後對切成2半。

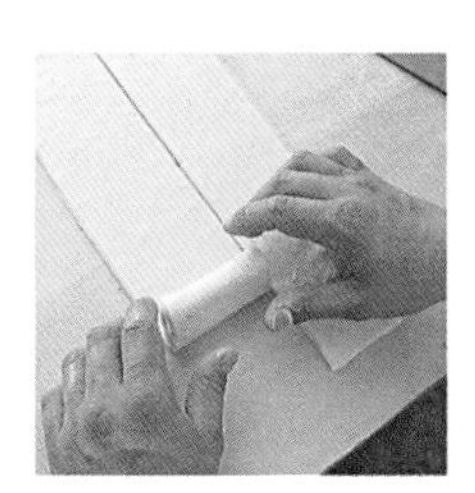

31 巧克力放入之後捲起。

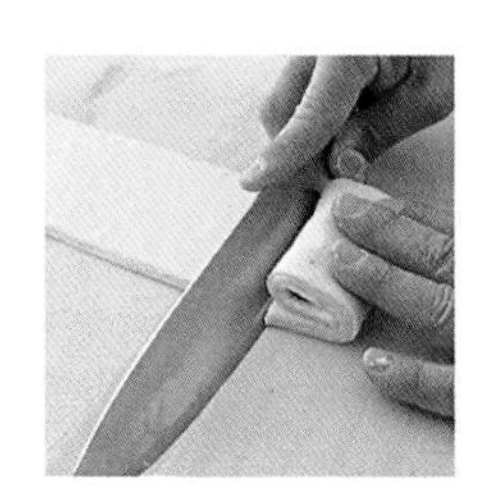

32 麵皮捲到如圖的地方後用刀子切斷，再包入另一條巧克力，並向內後退1/4，使上部可以充分覆蓋下部，避免烘烤時浮起。

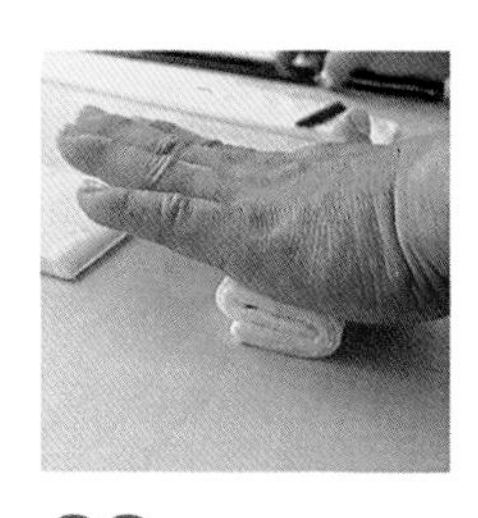

33 用手掌輕壓巧克力夸頌，烤盤上塗上奶油將所有麵糰放入，巧克力夸頌則是以切斷的地方向下放入。

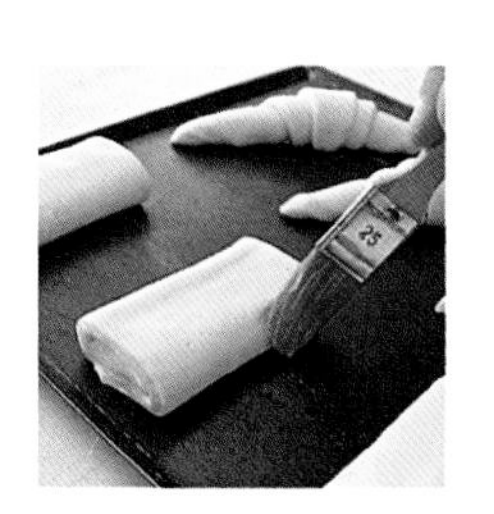

34 麵糰表面塗上蛋液、蓋上布巾（避免碰到麵糰）發酵1小時~1小時30分。

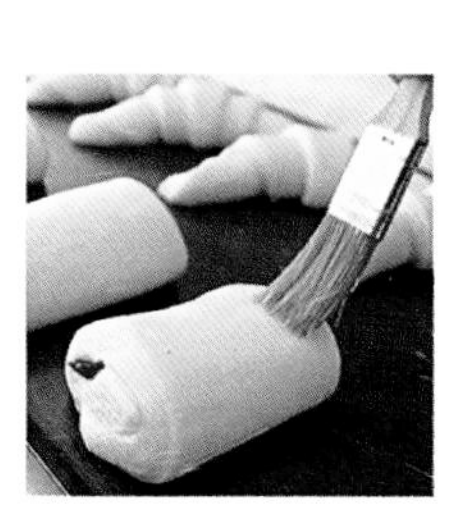

35 發酵至原來的2倍大時，表面再刷上蛋液即可入烤箱烘烤，烤箱預熱220℃，烤15~18分鐘。

BRIOCHE FEUILLETÉE
皮力歐許捲

皮力歐許捲屬於新興發明的麵包，源於法國北部，使用了大量的奶油。

Les ingredients pour
3 ***brioches de*** 300 ***g***
可做3個300*g* 的麵包

materiel：
17×8cm長形模（3個）

高筋麵粉	200 g
低筋麵粉	200 g
鮮酵母	15g
鹽	8 g
砂糖	18 g
牛奶	120 cc
全蛋	2個
奶油	80 g
冰奶油（包入麵糰用）	250 g

裝飾：

蛋液	適量

糖水：

水	100 *cc*
砂糖	135 *g*

préparation：

■準備工作：
做法和夸頌一樣。→見 ***p***92、93做法**1~23**。

1 將包入奶油的麵糰擀成40㎝的正方形。

2 去除麵皮上多餘的粉。

3 緊密地由下往上將麵糰捲起。

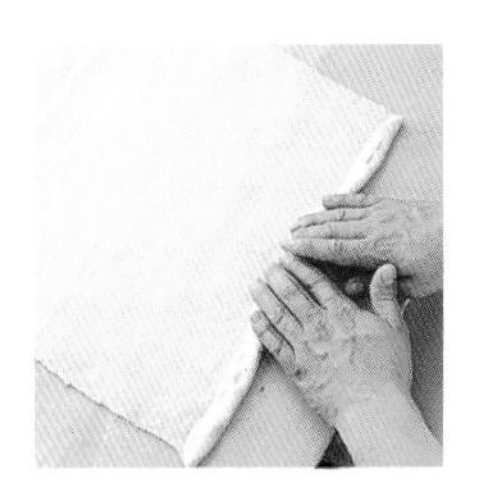

4 將麵皮捲緊。

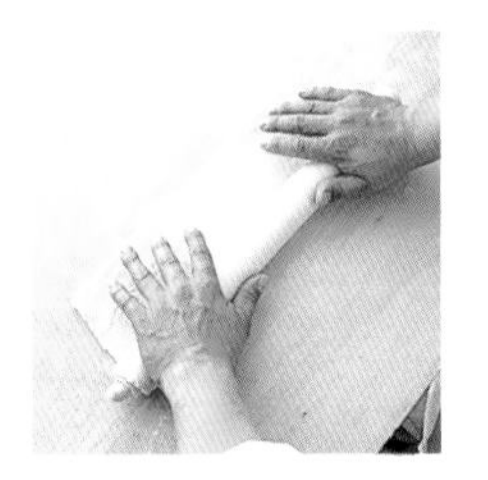

5 捲完後將收口朝下並壓緊收口。

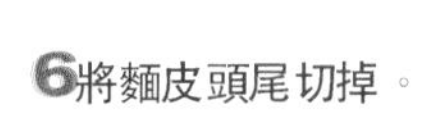

6 將麵皮頭尾切掉。

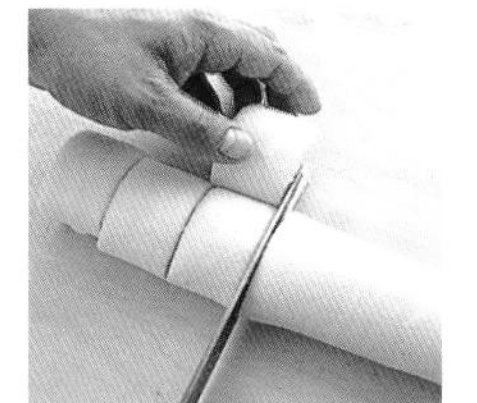

7 切成9等份，每份約4×9㎝。

8 將橫切面刷上奶油放入抹奶油的模型中，收口朝左右兩側、切面朝上置入。

9 中間再放入一個麵糰，一個模型要放3個麵糰，麵糰高度約為模型的高。

10 避免表面乾燥，蓋上布巾（不要碰到麵糰）發酵1小時15分~1小時30分。

11 發酵至原來的2倍大時；麵糰表面塗上蛋液，預熱烤箱220℃，烤30分鐘。

12 水和糖放入鍋中煮成糖水，待麵包烤好立即塗上。

PAIN D'ÉPICE
香料蛋糕

法國的東北部有很多種類的香料蛋糕，修道院中則可常常吃到這種蛋糕。

Les ingrédients pour
2 pains de 460g
可做2個460g 的蛋糕

materiel：
17×8cm長形模（2個）

黑麥粉	160g
低筋麵粉	160g
砂糖	60g
蜂蜜	300g
全蛋	1個
牛奶	160cc
泡打粉	25g
荳蔻粉	1g
薑粉	1g
肉桂粉	7g
丁香粉	1g
檸檬皮（去除白囊部份再切丁）	1個
柳橙皮（去除白囊部份再切丁）	1個
香草糖	適量

糖水：

水	20cc
牛奶	20cc
糖粉	20g

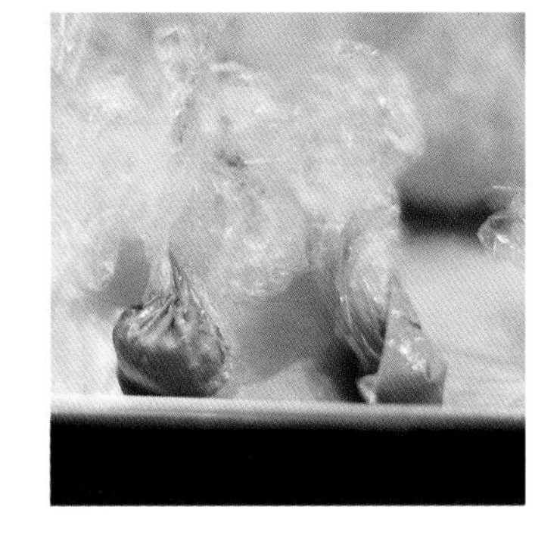

1 烤盤紙剪成和模型一樣的大小，但四周的高度約略高1～2cm。

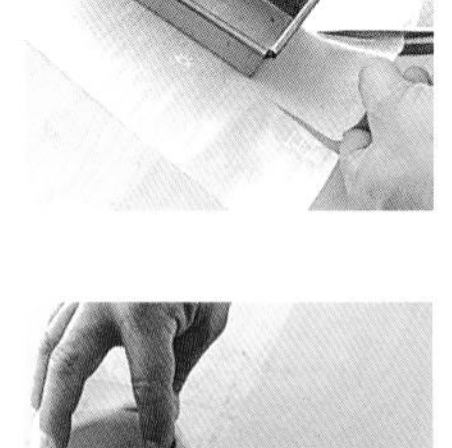

2 模型內抹上一層奶油後放入剪好的烤盤紙。

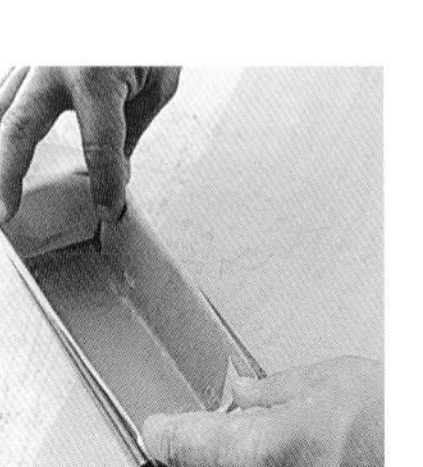

3 盆內放入黑麥粉、低筋麵粉、砂糖、和蜂蜜攪拌。

4 再加入泡打粉、荳蔻粉、薑粉、肉桂粉、丁香粉、檸檬皮及柳橙皮攪拌。

5 香草糖和砂糖混合加入後用木杓輕輕攪拌。

6 中間做一個凹洞，蛋倒入洞中輕輕攪拌。

7 牛奶慢慢加入。

8 輕輕攪拌混合。

9 攪拌至麵糊呈光亮感。

10 攪拌至麵糊用木杓撈起後會從木杓慢慢流下來的硬度為止。

11 將麵糊倒入模型中約3/4滿，放入200℃的烤箱烤40分鐘，試熟度時，刀子從中心叉入拔起時，刀子上沒有黏麵糊就表示烤好了。

12 鍋內放入糖水的材料攪拌均勻後，塗在冷卻的蛋糕表面即可。

INGRÉDIENTS
材料

只要麵粉、鹽、酵母及水就能做出麵包！如此簡單的材料就可以做出麵包，相對材料品質的選擇就非常重要、只有品質好的材料才能做出好吃的麵包。

1

Farine＜**小麥粉**＞

麵粉是製作麵包不可缺少的材料，而法國和日本是以不同的方法區分麵粉；日本是以蛋白質含量分出高筋、中筋和低筋麵粉，而在法國則是以灰分的含量多寡來區分，所以法國與日本的麵粉是不一樣的，在本書中所使用到的是日本的麵粉，因廠牌的關係麵粉也會有所不同，可依個人喜好品牌的麵粉來使用。

高筋麵粉

硬質小麥製成的，蛋白質含量較高，製作出來的麵糰會比較膨脹有彈力。

法國麵粉 *Type* 55

屬於蛋白質含量較高的高筋麵粉，各公司為了製作法國麵包而研發出來的麵粉，有的會特別註明是硬式麵包專用的，書上是用日本製的法國麵粉來代替法國型號55的麵粉。

低筋麵粉

由軟質小麥製成的，屬於蛋白質含量最少的麵粉，用於蛋糕及餅乾上比麵包多，而製作軟式麵包的時候則是將低筋與高筋麵粉一起混合使用。

2

Farine de complet＜**全麥粉**＞

也叫做*Graham*粉，小麥連殼一同研磨出的粉類，為一種富含維他命及無機質、營養價值高的麵粉。

3

Farine de seigle＜**黑麥粉**＞

生長在寒冷的地區。北歐、德國、蘇聯等地大量使用這種麵粉，富黏著性，所以其麵糰會比較黏，含蛋白質卻沒有麵筋，所以製作出來的麵包不會膨脹而比較有沉甸感，在法國當地常加入小麥粉一起使用，有時也會加入酵母粉，有粗粒狀也有粉末狀。

4

Farine de maïs＜**玉米粉**＞

玉米乾燥後碾磨成粉。

5

Farine d'orge＜**大麥粉**＞

蛋白質含量較少，所以要和小麥粉一起混合使用，大麥也可用來製造威士忌和啤酒。

6

Flocons d'avoine＜**燕麥片**＞

燕麥片是將燕麥壓扁而成，在蘇格蘭燕麥粥是非常出名的，美國人也常把燕麥加入麵包或餅乾裡。

7

Son＜**麥糠**＞

含有豐富的食物纖維

8

Graines de lin＜**亞麻仁**＞

亞麻可以製作出高級的絲織品，也可提煉出亞麻仁油，因為其產量少、取得不易，所以可用味道十分類似的七味辣椒粉的種子代替，加入亞麻仁的麵包通常吃起來較有嚼勁，也可加入雜糧麵包中。

9.

Amande en poudre＜**杏仁粉**＞

杏仁磨成粉

10~12

Levure＜**酵母**＞

鮮酵母（**10**）本書中皆使用鮮酵母，可放入冰箱冷藏，保存期限為2個星期。

乾酵母（**11**）使用先加入5~6杯水預備發酵，其使用量約為鮮酵母的一半，香味誘人，適用於副材料較少的麵包製作。

速溶酵母（**12**）加糖的麵糰或是無糖麵糰都有使用，發酵力強，加入的量約為鮮酵母的4倍，與麵粉一起加入攪拌，放入冰箱可保存6個月。

Sel＜**鹽**＞

在製作麵包的用途上不只有調味，香味、發酵及顏色上的都有重要的影響。

Sucre＜**砂糖**＞

在法國當地製作麵包幾乎都是使用*Sucre Semoule*及糖粉做麵包，本書裡頭糖粉以外的糖全都是*Sucre Semoule*，或是上白糖也可以，砂糖除了有增添甜味的效果之外，還可以使麵包表面的色澤更美、並且可促進發酵的功能。

Œuf＜蛋＞

書上所指的中型全蛋約55克，加入麵糰或是表面上色時所選購的蛋都要夠新鮮，才會香味四溢，蛋黃中的天然乳化劑能使麵包軟化、而且可以延長保存期限。

Lait, Poudre de lait＜牛奶、奶粉＞

奶粉容易保存且價格便宜，製作麵包的時候常會使用到牛奶，若要用奶粉代替牛奶，必須使用大約牛奶一成左右的量，因為奶粉容易吸水，所以在計量好份量之後要馬上和麵粉及砂糖混合使用。

Matières grasses＜油脂＞

包括奶油、瑪其琳、動物性油脂、橄欖油及沙拉油等，奶油和瑪其琳要使用無鹽的；油脂可以促進麵糰的延展性，會使麵包變大、延長保存期限，奶油及橄欖油可以使麵包味道更香濃。

Poudre à lever＜泡打粉＞

和麵粉混合後在烘烤的過程中會產生碳酸氣體，麵糰會變大，可使麵包的口感變鬆軟。

Fruit sec＜水果乾＞

葡萄乾、梅乾等與糖水煮過的水果，不僅水果乾常用於麵包中，柳橙皮及櫻桃也經常加入使用。

Noix＜堅果類＞

核桃、杏仁等，種類非常豐富，可製成顆粒狀、切片、敲成碎狀或磨成粉等，接觸空氣很容易受潮，所以必須保存在陰暗處。

Fleur d'orange＜橙花蒸餾水＞

即柳橙香料，柳橙的花聚集後蒸餾，沉澱於底下的為水，浮在表面的則為橙花油，皆可作為麵包及蛋糕類的香料使用，可增添風味。

MATÉRIEL
器具

製作麵包必須經過材料份量的計算、用手搓揉、發酵後送入烤箱烘烤，若沒有太多的器具仍可製作麵包，您可利用這裡介紹的器具、也可用家中現有的器具替代，會做的麵包種類越多，需要的道具也會慢慢增加。

1
Tamis＜篩網＞
過篩麵粉或將材料瀝乾水分的時候使用

2
Moule à kouglof＜庫克洛夫模型＞
烘烤庫克洛夫所使用的模型

3
Moule à pain de mie＜吐司模＞
烘烤吐司時所使用的模型，若不加蓋烘烤，就會烤出山形的吐司

4
Moule à cake＜長型模＞
本書是使用底部較狹小的長方模

5
Banneton＜藤模＞
麵包發酵時所使用的模框

6
Couche＜烘焙布＞
麵包發酵時所使用的布

7
Plaque à four＜烤盤＞
烤麵包的時候放麵包用

8
Grille＜網架＞
麵包烘烤完放在網架上冷卻用

9
Bassine＜鋼盆＞
混合材料或發酵時使用，也有玻璃及塑膠材質的攪拌盆

10
Fouet＜攪拌器＞
攪拌材料或要將鮮奶油、蛋打至發泡時需要使用

11
Reclette en caoutchouc＜橡皮刀＞
亦可稱*Maryse*，混合材料或是把沾黏在鍋底的生料刮乾淨用

12
Spatules en bois＜木杓＞
攪拌及混合鍋中的材料時使用

13
Rouleau＜擀麵棍＞
擀平麵糰及整形時使用，尺寸有很多種

14
Coupe pâte＜切麵刀＞上
Corne＜塑膠刮板＞下
材料聚集和分割時使用

15
Demi litre＜量杯＞
500*ml*的量杯，計量液體時使用

16
Balance＜磅秤＞
計量材料或分割麵糰時使用

17
Pinceau＜毛刷＞
刷糖水及蛋液時使用

18
Lame a boule＜刻花刀＞
法國麵包麵糰切割專用刀，刀片可用刮鬍刀片

19
Fourchette＜叉子＞
原本是用來吃東西的，將馬鈴薯壓成泥或打蛋時也可使用

20
Torchon＜布巾（尼龍巾）＞
用來覆蓋麵糰、防止乾燥時使用

21
Ciseaux＜剪刀＞
在麵糰表面剪花樣用

22
Palettes flexible＜抹刀＞
可均勻塗抹奶油於蛋糕表面

23
Couteau de cusine＜料理用刀＞
料理或製作西點時皆可使用，使用的範圍非常廣，為刀刃較長的刀子

24
Couteau-scie＜鋸齒刀＞
切麵包時使用

25
Econome＜削皮器＞
削水果皮用

26
Couteau d'office＜水果刀＞
切水果用的刀、較短，適合切較細的東西時使用

27
Cornet＜圓錐型擠花嘴＞
製作派或麵包捲時使用，這裡則是在麵包裡加入果醬時使用

28
Poche＜擠花袋＞
擠鮮奶油時使用

29
Douille＜擠花嘴＞
裝在擠花袋的前端，將東西擠出的器具，有各式各樣及不同大小的形狀

Four＜烤箱＞
製作麵包缺不了烤箱，烤箱分對流式及上下火的烤箱，歐式麵包就必須用蒸氣式烤箱，不需要用到烤盤，用一容器裝水放入烤箱或是用噴霧氣噴點水在烤箱中，每個烤箱的大小及熱源都不同，所以溫度及時間都要調整；書中建議的溫度和時間則是要依烤箱的型式來調整。

1
5
13
8
7
2
6
10
14
12
11
16
9
15
3
4
17
25
18
28
IMPER MATFER
Made in France
350
19
20
LE CORDON BLEU PARIS
25
21
22
23
24
26
27
29

VOCABULAIRE
麵包專有名詞解說

1 揉麵

le pétrissage（***mélanger***）乾燥材料和液體混合攪拌的動作，為了攪拌均勻，用打麵糰後拉一拉麵糰，重複連續此動作約10分鐘。

tamiser 要過濾麵粉裡的異物所以要過篩麵粉。

fontaine 工作台上或盆中的麵粉中央做一凹洞。

fraser 攪拌麵糰的第一階段是將粉和水混合，如果利用機器攪拌，速度要放慢。

pommade 奶油軟化的狀態。

corner 用刮板將麵糰從盆中取出。

2 第一次發酵

le pointage（***lever***）攪拌完成之後讓麵糰發酵為第一次發酵，酵母與麵粉都具有某種天然成分，能使麵包散發獨特的香味、具有保存的功效及柔軟度，酒精及有機酸作用一樣能產生發酵作用。麵糰在發酵的過程中要避免讓表面乾燥。

rabat 將麵糰翻面對折的用意是要擠出麵糰的空氣；這樣麵糰才會有彈性、加快發酵速度。

pousser 發酵會使麵糰膨脹。

3 塑形

le façonnage（***mis en forme***）將麵包整形成所需長短及造型的動作叫做塑形。

beurrer 烤盤或模型內要塗上薄薄的一層軟奶油。

fariner 為了避免讓麵糰黏住工作台，必須在使用前撒點麵粉在工作台上，有時為了裝飾也會在麵糰表面撒點麵粉。

détailler 麵糰要分成等份的重量，用模型將麵糰壓出形狀。

repos 麵糰靜置。

4 最後發酵

l'apprêt（***fermentation***）需在20~27℃的環境中發酵，在麵糰成型後、送入烤箱之前的發酵，即第二次發酵，若要保留麵包原始的香味、並且防止表面乾燥，最好將麵糰放置在隔離空氣的機器中，如發酵箱，或是表面包上保鮮膜。

dorer 將成型後的麵糰表面刷上薄薄的一層蛋汁。

5 烘焙

la cuisson 將麵糰烘烤成麵包的動作，烤箱最低溫度不低於220℃。

coupe 麵糰用刮鬍刀或小刀切劃出個人喜好的圖案及裝飾，***saucisson***切成細密的橫線，***polka***切成格子狀，***nantaise***用剪刀交叉剪。

buee 烘烤之前加入蒸氣、可在烤箱內放一碗水，烤箱內或麵糰表面抹點水，會改變麵包的色澤，或麵糰在烤箱內膨脹的程度。

6 折麵糰

tourer（***tourage***）麵糰包入奶油折疊的過程，可使麵包更有層次及口感。

abaisser 用擀麵棍將麵糰擀成所需的厚度。

7 其他

croûte 麵包皮，在日本叫***crust***。

mie 麵包重而軟的部分，在日本被稱做***crumb***。

西元1895年建校於巴黎的*LE CORDON BLEU*，這所100年悠久歷史的法國廚藝學院，迎接來自世界各地超過50個國家的學生，也培養出許多專業級的烹調人才，來自日本的留學生也很多，畢業證書儼然成為另一種身份的象徵。有許多從日本分校畢業的學生也會拿出結業證書來證明自己的專業能力，東京分校創立於1991年，由歷史悠久的巴黎本校挑選出最優秀的主廚所組成的教師團，被評價為法國料理的文化交流中心，暨東京分校後緊接著於1996年在澳洲雪梨成立分校，第七所則設在阿德雷德。

本書承蒙本校糕點部門師傅和工作人員的熱情幫助，以及所有相關人員的大力支持，Le Cordon Bleu在此表示衷心的感謝。

攝影日置武晴　翻譯辻内理英
設計中安章子　書籍設計若山嘉代子L'espace

國家圖書館出版品預行編目資料

法國麵包基礎篇
法國藍帶東京分校 著；--初版.--臺北市
大境文化，2001[民90]　面；　公分.
(Joy Cooking系列；)
ISBN 957-0410-12-4
1. 食譜 - 點心 - 法國
427.16　　90009995

法國藍帶 東京學校
〒150 東京都涉谷區猿樂町28-13
ROOB-1　TEL 03-5489-0141
LE CORDON BLEU
●8,rue Léon Delhomme 75015 Paris,France
●114 Marylebone Lane W1M 6HH London,England
http://www.cordonbleu.net
e-mail:info@cordonbleu.net

器具、布贊助廠商 PIERRE DEUX FRENCH COUNTRY
404 Airport Executive Park Nanuet, N.Y. 10954 U.S.A
TEL (914)426-7400　FAX (914)426-0104
日本詢問處 PIERRE DEUX
〒150 東京都涉谷區惠比壽西1-17-2
TEL 03-3476-0802　FAX 03-5456-9066

系列名稱 / 法國藍帶
書　名 / 法國麵包基礎篇
作　者 / 法國藍帶東京分校
翻　譯 / 野上智寬
出版者 / 大境文化事業有限公司
發行人 / 趙天德
總編輯 / 車東蔚
文編 / 陳小君 徐慧芸
美編 / 車睿哲
地址 / 台北市中山北路六段726號5樓
TEL / (02)2876-2996
FAX / (02)2871-2664
初版日期 / 2001年9月
定　價 / 新台幣340元
ISBN / 957-0410-12-4
書　號 / 01

讀者專線 / (02)2872-8323
www.ecook.com.tw
E-mail / tkpbhing@ms27.hinet.net
劃撥帳號 / 19260956大境文化事業有限公司